U0228858

糖蜜废液的资源化处理及应用

舒绪刚 陈彬 张敏 等编著

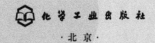
化学工业出版社
·北京·

内 容 提 要

《糖蜜废液的资源化处理及应用》是作者根据多年从事糖蜜废液研究的成果、体会并结合国内外相关研究编著而成,全书系统介绍了糖蜜废液常见处理工艺的基本特性、具体方法和应用现状;详细介绍了糖蜜废液的资源化在作为农作物肥料和开发动物饲料中的应用。

本书适合从事废液资源化、农业资源利用和环境工程等相关领域的科技工作者阅读,也可供高等院校相关专业师生参考。

图书在版编目(CIP)数据

糖蜜废液的资源化处理及应用/舒绪刚等编著.—北京:
化学工业出版社,2020.8
ISBN 978-7-122-37196-6

Ⅰ.①糖… Ⅱ.①舒… Ⅲ.①糖蜜-废液处理
Ⅳ.①X703

中国版本图书馆 CIP 数据核字(2020)第 099891 号

责任编辑:马泽林 杜进祥　　　　　　　装帧设计:关 飞
责任校对:杜杏然

出版发行:化学工业出版社(北京市东城区青年湖南街 13 号　邮政编码 100011)
印　　装:北京虎彩文化传播有限公司
710mm×1000mm　1/16　印张 9　彩插 2　字数 171 千字
2020 年 11 月北京第 1 版第 1 次印刷

购书咨询:010-64518888　　　　　　　售后服务:010-64518899
网　　址:http://www.cip.com.cn
凡购买本书,如有缺损质量问题,本社销售中心负责调换。

定　　价:66.00 元　　　　　　　　　　　版权所有　违者必究

前　言

　　糖类、蛋白质、脂肪及某些无机盐是保证人体健康的主要营养物质。据报道，每千克糖在人体内可产生 3950kcal（1cal≈4.186J）的热量，用于维持人体的生命活力。因此，作为人体所需要的营养素之一，糖类物质不可缺少，特别是对于运动员、婴儿及某些病人而言。

　　制糖业在为社会经济发展做出重要贡献的同时，也成为了污染较为严重的行业之一。制糖过程中会产生大量副产物，如糖蜜、滤泥等。若直接排放到环境当中，会严重污染水体，使得河流变酸、变臭，水体生态系统可能会遭到毁灭性的破坏。因此，为了社会经济的稳定发展和地球环境的良性循环，寻找绿色有效的制糖业副产物的处理方式迫在眉睫。

　　目前，制糖厂一般会配备酒精加工厂，可将副产物废糖蜜应用于微生物发酵生产酒精。然而，在糖蜜酒精废液中，有机污染物的浓度较高且酸性较强，如果直接排放势必会造成土壤和水环境的严重污染，进而影响作物的生长以及水体生物的存活，甚至危及人类的健康。

　　考虑到糖蜜废液中仍含有大量有机营养成分，如糖和微量元素等，其可以用于生产氨基酸、动物饲料、肥料等，在本书中均会有相关说明。通过将糖蜜废液合理加工使用，不仅能够避免资源浪费，而且在治污的同时能回收利用废液中的有用成分，使其变废为宝，增加经济效益。此举将会成为糖蜜废液综合治理的发展趋势。近年来，通过研究者们的不断探索和实践，糖蜜废液的处理工艺已有较大改进，对糖蜜废液的处理过程和机理的认识更加深入，设计计算亦有了新的进展。

　　本书编者根据自身的糖蜜废液研究成果及体会，依托"产学研"结合背景，总结了糖蜜废液的一般处理工艺以及资源化利用的一般方法及其应用现状。全书共分 4 章，其中：第 1 章、第 2 章由舒绪刚、吴紫倩、陈彬编写；第 3 章由张敏、高凡、吕晓静、陈彬编写；第 4 章由周萌、杨远廷、曹鼎鼎编写。此外，本书的编写得到了深圳芭田生态工程股份有限公司和仲恺农业工程学院的支持和帮助，得到了广东省自然科学基金（批准号 2018A0303130068）、广东省科学技术厅（项目批准号 2018050506081、2017A050506055、2017A040405055、2016A010103036）、广东省教育厅（项目批准号 2017KZDXM045）的支持，在此一并表示感谢。

　　由于笔者学识水平所限，书中难免存在疏漏和不妥之处，恳请广大读者提出宝贵意见。

编著者

2020 年 1 月

目录

第 **1** 章
绪 论

食糖是国计民生的重要产品，制糖业是轻工业的支柱产业。近年来，我国的制糖业主要有甘蔗制糖与甜菜制糖。目前广西、云南已成为制糖工业的大省，常年位居全国前二。制糖工业的发展带动了诸多行业的发展，如食品、化工和医药等，显然，制糖工业能够带来显著的经济效益和社会效益。然而，带来高效益的同时，带来的高污染也是不容忽视的。糖业废水是一大工业污染源，糖厂也成了地方的排污大户。

将原料（甘蔗汁、甜菜汁）通过一系列加工如澄清、净化和过滤等工序处理后，再蒸发浓缩、结晶及助晶、离心分离出来的褐色浓稠液体就是糖蜜。根据原料的不同，其蔗糖成分、转化糖、胶体和灰分均有所不同，糖蜜可作为食品或饲料，也可以用于发酵。

糖蜜废液便是以糖蜜为原料，经过发酵后以一定工序得出所要产品后排出的有机高浓度废液，通常颜色呈棕色或棕黑色。

糖蜜通常用于酒精发酵，其产生的糖蜜酒精废液中，COD_{Cr} 在 $90000 \sim 200000mg/L$，BOD_5 在 $50000 \sim 60000mg/L$。如果将废液直接排放进入水体，会使水体富营养化，对环境造成很大的污染。[COD_{Cr} 是采用重铬酸钾（$K_2Cr_2O_7$）作为氧化剂测定出的化学耗氧量，即重铬酸盐指数，在强酸性溶液中以重铬酸钾为氧化剂测得的化学需氧量。BOD_5（Biochemical Oxygen Demand）是一种用微生物代谢作用所消耗的溶解氧量来间接表示水体被有机物污染程度的一个重要指标。]

很长一段时间以来，糖蜜废液处理采用直接法，即通过化学法、物理法和生化法等，直接将糖蜜废液中高浓度的有机废液降低，使 COD_{Cr} 和 BOD_5 的值降低，达到《污水综合排放标准》（GB 8978）的要求。

目前国内外对糖蜜废液也已有一定程度的探究，从原来的直接处理法慢慢向资源化利用方向转化，由于糖蜜废液中含有大量的可发酵性糖，本着废物不废的原则，将其利用起来，不仅能减少环境污染，而且能更好地资源利用，达到最大的经济效益。

1.1 糖蜜简介

1.1.1 糖蜜的来源

糖蜜又叫废糖蜜,是制糖工业的副产品。这是一种黏稠、黑褐色、呈半流动性的物体。主要含有蔗糖、少量果糖和葡萄糖,非糖部分主要含生物素、氨基酸、盐类如钙盐、钾盐、草酸盐、氯化盐等。主要来源为甘蔗和甜菜等糖厂制糖过程中的副产品。以甘蔗制糖为例,见图1-1。

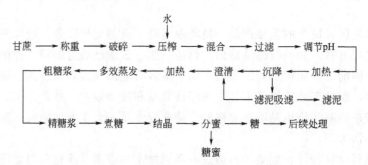

图 1-1　甘蔗制糖工业糖蜜产出图

糖蜜中含有大量的可发酵性糖,因此是良好的发酵原料,目前主要用作酒精、酵母、氨基酸和味精等发酵制品的底物或基料。同时也可作为食品和动物饲料的原料使用。

根据原料的不同,其总糖含量有所差异。甘蔗糖蜜和甜菜糖蜜中总糖含量约占 48.0% 和 49.0%;水分含量约占 35.0% 和 23.0%;粗蛋白质含量约占 3.0% 和 6.5%。此外,糖蜜还含有 3%~4% 的可溶性胶体,主要为木糖胶、阿拉伯糖胶和果胶等。

1.1.2 糖蜜的分类

糖蜜根据来源可以分为甜菜糖蜜、甘蔗糖蜜、葡萄糖蜜、玉米糖蜜,产量较小的有转化糖蜜和精制糖蜜。我国糖蜜产量最大的是甘蔗糖蜜和甜菜糖蜜。

(1) 甘蔗糖蜜

甘蔗糖蜜是甘蔗糖厂的一种副产物,是通过将甘蔗压榨出汁后,把蔗汁经过一系列如澄清、净化和过滤等处理后,经过蒸发浓缩、结晶及助晶、离心分离等工序后得出不能再重复加工和结晶的浓稠液体,一般呈棕色或棕褐色。其产量为原料的 3%~4%,呈酸性,pH 约为 6.2。

甘蔗糖蜜含有大量的可发酵性糖，其中蔗糖约占 30%，还原糖约占 20%。在制糖工业中，虽然甘蔗糖蜜不能继续加工制糖，但仍可作为发酵工业的原料用于生产酒精、酵母、氨基酸等。

① 甘蔗糖蜜的成分。由于甘蔗的产地和气候以及制糖方法和工艺条件等不同，因此不同地区的糖蜜成分也有所差别，详见表 1-1。

表 1-1　不同地区甘蔗糖蜜的成分

项目 / 糖蜜来源	广东		四川
	碳酸法	亚硫酸法	碳酸法
锤度/°Bx	85.78	85.54	82.00
全糖分/%	53.89	50.81	54.80
蔗糖量/%	33.89	29.77	35.80
转化糖量/%	20.00	20.00	19.00
纯度/%	62.78	59.40	59.00
非发酵性糖分/%	5.14	4.57	5.06
非发酵性糖/全糖/%	9.55	8.99	9.23
胶体量/%	9.91	11.06	7.50
酸度	10.50	9.50	10.00
硫酸灰分/%	10.28	11.06	11.10
总氮量/%	0.485	0.465	0.540
磷酸(P_2O_5)量/%	0.130	0.595	0.120

② 甘蔗糖蜜的质量要求。制糖厂数量众多，且不同省份产出的甘蔗成分不一、工艺不同，《甘蔗糖蜜》(QB/T 2684—2005)[1] 对甘蔗糖蜜的质量要求做出了相关的规定，详见表 1-2。

表 1-2　质量要求

项目	指标
总糖分(蔗糖＋还原糖)	≥48.0
纯度(总糖分/折射锤度)	≥60.0
酸度	≤15.0
总灰分(硫酸灰分)	≤12.0
铜(Cu 计)/(mg/kg)	≤10.0
菌落总数/(CFU/g)	≤$5.0×10^5$

注：总还原糖、纯度低于以上指标值及酸度、总灰分、菌落总数高于以上指标值时，若买卖双方仍要进行交易，可制定详细的合同，按质论价。

③ 甘蔗糖蜜污水排放限值。甘蔗糖蜜虽然促进了地方经济发展，但同时也带来了严重的环境问题，尤其是发酵液造成的水污染，对当地水体造成了巨大影

响，表 1-3 为甘蔗制糖企业水污染排放限值。

表 1-3　甘蔗制糖企业水污染排放限值

序号	污染物项目	排放限值		污染物排放监控位置
		现有企业	新建企业	
1	pH	6～9	6～9	
2	悬浮物/(mg/L)	≤40	≤25	
3	BOD_5/(mg/L)	≤20	≤18	
4	COD_{Cr}/(mg/L)	≤80	≤60	企业废水总排放口
5	氨氮/(mg/L)	≤8	≤6	
6	总氮/(mg/L)	≤12	≤9	
7	总磷/(mg/L)	≤0.5	≤0.5	
8	单位产品基准排水量/(m³/t 糖)	≤12	≤10	与排水量计量位置一致

(2) 甜菜糖蜜

甜菜糖蜜是甜菜制糖工艺过程中的副产物。甜菜制糖过程中糖分经结晶、分离的母液称为甜菜糖蜜。甜菜糖蜜杂质含量较高，已不能重新加工成糖，因此称为废糖蜜。甜菜糖蜜是浓稠的黏性液体，通常呈黑褐色，呈碱性，pH 约为 7.4。

甜菜可以生产 3%～4% 的甜菜蜜糖。甜菜糖蜜主要产自我国东北、西北和华北等地区。

甜菜糖蜜含有大量无氮抽出物，几乎全部为蔗糖和还原糖，同样可作为发酵工业原料用于生产酒精、酵母、氨基酸等。

① 甜菜糖蜜的成分。甜菜的产地、气候和工艺条件等因素不同，其产生的糖蜜成分也有所差别，详见表 1-4。

表 1-4　甜菜糖蜜的成分

项目　　　　糖蜜来源	辽宁	黑龙江
锤度/°Bx	81.60	79.60
全糖分/%	48.76	49.40
蔗糖量/%	48.76	49.27
转化糖量/%	—	0.13
纯度/%	59.76	62.00
pH	7.40	7.40
胶体量/%	10.00	10.00
碳酸灰分/%	7.33	10.00
总氮量/%	2.08	2.16
磷酸(P_2O_5)量/%	0.029	0.035

甜菜糖蜜中含有丰富的氨基酸，具体含量可以参考表 1-5。

表 1-5　甜菜糖蜜中的氨基酸含量

氨基酸	含量/%
亮氨酸-异亮氨酸	0.6～2.9
苯丙氨酸	痕量
缬氨酸+蛋氨酸+色氨酸	0.4～1.3
酪氨酸	0.8～0.9
脯氨酸	痕量
丙氨酸	0.5～2.3
苏氨酸+甘氨酸	0.2～0.9
谷氨酸	0.6～1.8
丝氨酸	0.7～2.5
天门冬氨酸	0.2～0.5
精氨酸+组氨酸+赖氨酸	痕量～0.7
胱氨酸	痕量

甜菜糖蜜与甘蔗糖蜜的维生素含量有所不同，具体参考表 1-6。

表 1-6　糖蜜中的维生素含量

维生素	甜菜糖蜜中含量/(mg/kg)	甘蔗糖蜜中含量/(mg/kg)
维生素 B_1(硫胺素)	1.3	1.8
维生素 B_2(核黄素)	0.4	2.5
维生素 H(促生素)	0.04～0.13	1.2～3.2
烟酸	20～45	30～800
肌醇	5000～8000	6000
吡哆醇	5.4	2.6～5
叶酸	0.2	0.04
泛酸钙	50～100	54～64
胆碱	400～600	600～800

② 甜菜糖蜜的质量要求。《饲料添加剂　天然甜菜碱》（GB/T 21515—2008）[2]对甜菜糖蜜的质量要求做出了相关的规定，详见表 1-7。

表 1-7　甜菜糖蜜的质量要求

项目	指标
甜菜碱(以干基计)的质量分数/%	≥96.0
干燥失重的质量分数/%	≤1.5
抗结块剂(硬脂酸钙)的质量分数/%	≤1.5
炽灼残渣的质量分数/%	≤0.5
重金属(以 Pb 计)的质量分数/%	≤0.001
砷(以 As 计)的质量分数/%	≤0.0002
硫酸盐(以 SO_4^{2-} 计)的质量分数/%	≤0.1
氯(以 Cl^- 计)的质量分数/%	≤0.01

③ 甜菜制糖的废水特征。甜菜制糖厂的废水主要是洗涤水、冲洗滤泥水、压粕水和车间生产加工高浓度有机废水等。生产中蒸汽冷凝水和设备冷却水污染程度较轻，除温度略高外，水质变化不大，因此属于低浓度废水，其水量约占总排水量的 30%～50%。洗涤水等废水含有较多悬浮物和一定数量的溶解性有机物，COD 值一般约为 3000mg/L，SS 值（水中悬浮物值）为 500mg/L 以上，该部分废水量占总排废水量的 40%～50%。冲洗滤泥水、压粕水和车间生产加工高浓度有机废水含有大量悬浮物和有机物，因此属于高浓度有机废水，COD 值通常大于 5000mg/L，水量较少，通常占总排水量的 10%[3]。表 1-8、表 1-9 分别为甜菜制糖生产过程中污染物排放负荷和废水的部分水质指标。

表 1-8　甜菜制糖生产过程中污染物排放负荷

污染发生源		吨甜菜排水量 /m^3	吨甜菜 BOD_5 /m^3	吨甜菜 SS /m^3
低浓度废水	煮糖蒸发冷却水	4.0	0.6	0.5
中浓度废水	洗滤布水	0.72	3.47	4.41
	瓦斯洗涤水	0.72	3.47	4.41
	锅炉冲灰水	0.72	3.47	4.41
	流洗水	7.8～8.4	16.5	8.0
高浓度废水	冲洗滤泥水	0.64	3.28	6.0
	压粕水	0.64	2.3	1.33

表 1-9　甜菜制糖厂废水部分水质指标

水质指标	低浓度废水	中浓度废水	高浓度废水
pH	6.8～7.2	6.6～8.5	5.5～10.5
COD/(mg/L)	20～60	2600～4500	5800～27000

水质指标	低浓度废水	中浓度废水	高浓度废水
BOD$_5$/(mg/L)	15～35	1200～2100	3000～11000
SS/(mg/L)	40～100	500～3200	550～3500

(3) 其他糖蜜

其他糖蜜如葡萄糖蜜、玉米糖蜜、转化糖蜜和精制糖蜜等，同样具有可发酵性糖，可作为发酵原料用于生产酒精、酵母、氨基酸等。

1.2 糖蜜的应用

糖蜜发酵具有重要应用价值，如生产酒精、酵母、饲料、药物等。

1.2.1 糖蜜用于生产酒精

糖蜜发酵生产酒精是国内最常见的酒精生产的方式之一。由于原料较多，制糖厂通常自设车间进行酒精生产。通过制糖产出的酒精，不仅能够满足资源利用需求，而且能够取得最大的经济效益。目前利用自絮凝颗粒酵母发酵甘蔗糖蜜生产乙醇，得到了较好的结果。

凌长清[4]研究高产酿酒酵母菌株 MF1001 的甘蔗糖蜜酒精发酵特性及利用该菌株进行甘蔗糖蜜高浓度酒精发酵，将该菌株用于年产 5 万吨规模的甘蔗糖蜜酒精发酵，全年生产的成熟醪酒精含量维持在 12.5％（体积比）以上，发酵效率维持在 91％～93％，生产吨酒精的废液排放维持在 8t 左右，生产效益显著。

1.2.2 糖蜜用于生产酵母

酵母菌是一种单细胞真核微生物，适宜生长在含糖量较高的偏酸性（pH 4.0～7.0）环境中，其本身含有大量的蛋白质和丰富的维生素，营养要求不高，能够迅速生长。糖蜜是制糖业的一种主要副产物，价格低廉，含有丰富的糖分和无机盐等营养物质以及少量的生长因子，总糖和蔗糖含量均很高，是发酵生产酵母菌的良好原料，现已作为一种生产原料被广泛用于发酵领域。利用甘蔗糖蜜作为碳源规模化培养酵母菌，具有重要意义。

酵母菌具有菌体大、蛋白含量高、易培养、生长期短和代谢产物多等优点，广泛应用于微生物发酵领域，例如营养酵母（饲用酵母）、生防酵母和酿酒酵母。谢式云等[5]进行了甘蔗糖蜜培养饲用酵母菌 YS-01 条件优化的研究，结果表明：利用单因素试验和正交试验的初步优化，饲用酵母菌 YS-01 在处理糖蜜中生长良好，在优化的培养条件下 OD 值达到 14.6，活菌数达到 2.5×10^8 CFU/mL。

1.2.3　糖蜜用于动物饲料

糖蜜含有丰富的糖类及蛋白质等营养物质，是一种优良的饲料原料，糖蜜的适口性好，容易被动物消化吸收，另外还含有多种氨基酸、维生素以及微量元素等物质。糖蜜用作反刍动物饲料不仅利用效率较高，同时又绿色环保。一方面是由于糖蜜甜味可掩盖饲料的不良气味，改善饲料的适口性；另一方面是由于糖蜜本身的黏稠性和半流动状态使其具有黏结作用，可降低饲料的粉尘率、提高饲料质量[6]。

在荷兰、英国、美国和加拿大等奶牛产业比较发达的国家，糖蜜作为常用的能量饲料添加到奶牛日粮中。糖蜜用微生物发酵生产饲料，可提高饲料的粗蛋白含量，并改善其适口性。胡咏梅等[7]采用黑曲霉、绿色木霉和产朊假丝酵母 3 种菌种，蔗渣和糖蜜按 8∶2（质量比）配料，料水比（质量比）1∶3，添加 6% $(NH_4)_2SO_4$，自然 pH，发酵温度 30℃，混菌发酵 36h，发酵后的饲料粗蛋白含量能提高到 11.48%，香味、适口性较蔗渣大为改观，可用作牛、羊等牲畜的饲料。

同时，利用糖蜜发酵生产酵母单细胞蛋白可弥补常规蛋白饲料资源的不足。李大鹏[8]利用糖蜜发酵生产酵母单细胞蛋白，配合饲料中使用 3% 的甘蔗糖蜜，猪日增重提高 2.8%，饲料增重比下降 4.3%；鸡产蛋率提高 2.05%，料蛋比下降 3.7%。胡敏等开展了甘蔗糖蜜废水生产饲料蛋白质的菌种和发酵条件优选试验，结果表明热带假丝酵母是能充分利用糖蜜废水生产饲料蛋白质的较好菌株，饲料蛋白产量达 12.5g/L，化学耗氧量去除率为 40%。

1.3　糖蜜废液简介

1.3.1　糖蜜废液的来源

糖蜜废液是指以糖蜜作为原料，通过不同工艺生产各种产品如酒精、氨基酸、药物等排出的废液。以甘蔗糖蜜为例，见图 1-2。

图 1-2　甘蔗糖蜜废液的产生

通过发酵工艺，糖蜜废液的有机浓度已经降低，但仍然含有大量"宝物"——糖分、氨基酸和酵母等，不能达到排放要求，需进一步处理。许多科学家将废液中的营养重复利用，将其做成肥料或饲料，以减少损耗并获取最大经济效益[9]。

1.3.2 糖蜜废液的分类

糖蜜废液主要根据糖蜜废液的来源，可大致分为糖蜜酒精废液、糖蜜酵母废液和糖蜜谷氨酸废液等，其中我国糖蜜废液产量较大的是糖蜜酒精废液；同时，也可按照废水的类型分为低浓度废水、中浓度废水和高浓度废水。本章主要按糖蜜废液来源分类进一步介绍。

(1) 糖蜜酒精废液

糖蜜酒精废液主要是以甘蔗和甜菜在制糖过程中产生的废糖蜜作为发酵工业的原料，用于生产酒精后，进一步输送至蒸馏塔蒸馏加工所得到的一种液态混合物，其中含有大量有机质、氨基酸和矿物元素等。糖蜜在发酵前，一般需要进行预处理：稀释、酸化、离心、澄清、添加营养盐等。糖蜜酒精废液产生的具体流程见图 1-3。

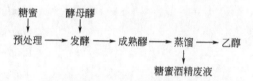

图 1-3 传统糖蜜酒精的发酵工艺

糖蜜酒精废液主要有以下特点：

① 废液中 COD_{Cr} 值可达 $80000 \sim 130000mg/L$，BOD_5 值可达 $40000 \sim 50000mg/L$，可生化性好，属高浓度有机废水。

② 废液含有固形物 $10\% \sim 12\%$。

③ 固形物中 70% 为有机质，30% 为灰分，重金属痕量，无毒无害，都是动植物的营养元素，是宝贵的资源。

④ 废液呈酸性，其 pH 值在 $3.5 \sim 4.5$ 之间，对碳钢设备具有严重的腐蚀性。

⑤ 废液中含有高浓度的硫酸盐。

⑥ 废液的色度高，含有类黑色素，难以通过物化或生化方法去除。

对糖蜜酒精废液中各组成成分的物质含量进行分析，详细见表 1-10。

(2) 糖蜜酵母废液

糖蜜酵母废液是指利用废糖蜜作为酵母的生长碳源，并外加硫酸铵、氯化钠、硫酸镁、磷酸铵等无机盐生产酵母产品所剩下的废水，其生产的主要工艺流程为糖蜜预处理、酵母发酵、分离和洗涤、干燥等，糖蜜酵母废液产生的具体流程如图 1-4 所示。

表 1-10　糖蜜酒精废液成分分析

项目	含量
干固体	10%～12%
胶体	3.3%
灰分	3%
含碳量	4.1%
水分	84%
有机物	7.5%～18%
pH	4.38
SS	9.25mg/L
COD_{Cr}	118000mg/L
BOD_5	75000mg/L
Na	10μg/g
K	400μg/g
Ca	90μg/g
Mg	40μg/g
Fe	12μg/g
P	1μg/g
Cl^-	400μg/g
SO_4^{2-}	100μg/g

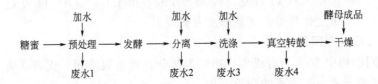

图 1-4　传统糖蜜酵母的发酵工艺

糖蜜酵母废液中含有约 0.5% 干物质，主要成分是酵母蛋白质、纤维素、美拉德化合物以及未被充分利用的糖蜜中的营养物质等。酵母的发酵废水中 COD 值一般为 10000～120000mg/L，BOD_5 值一般为 5000～90000mg/L，硫酸盐 2000～6000mg/L，pH 4.0～7.5，色度 3000～5000，可见其可生化性较差。酵母废液中主要成色物质是一些焦糖化合物和美拉德化合物，这些物质的存在使得酵母废液呈现深褐色。

酵母废液中高浓度硫酸根也是一种严重的污染物，并且由于高浓度硫酸根的存在，导致厌氧生物处理阶段的处理效率降低。在厌氧生物处理阶段，硫酸盐还原菌（SRB）以有机物作为电子供体而以 SO_4^{2-} 作为电子受体，通过对有机物的异化作用获得生命活动所需的能量。而厌氧生物系统中的重要菌种甲烷菌（MPB）是通过利用厌氧系统中产生的氢气和乙酸来产生甲烷的。当 SRB 和 MPB 共存时，两者就会竞争乙酸等有机物作为电子供体，导致 MPB 的处理效率降低。此外 SO_4^{2-} 的还原产物 S^{2-}、HS^- 及 H_2S 对微生物有毒害作用，导致系统 pH 降低，体系中存在大量的负二价 S，并且还会通过与细胞色素中的铁结合导致微生物的电子传递系统失活，强烈抑制厌氧发酵的处理效率。

酵母废液中的高浓度营养物质（残糖、蛋白质、有机酸、氨基酸、无机盐、核苷酸等）也可能造成水体富营养化，引起水体赤潮，严重影响水体生态环境。然而废液中的这些成分又都是动植物和微生物所需的基本物质，具有较高的经济价值，如果在治理酵母废液的同时也可以回收这些有价值的物质，用来做肥料、饲料添加剂、焦糖色素等，则既可以有效利用有价资源，同时也能遏制水环境污染。

（3）糖蜜谷氨酸废液

糖蜜谷氨酸废液是指利用糖蜜发酵生产味精后，在发酵废液中经等电点提取谷氨酸主产品后，排放出的一种高浓度有机废水，此类废水中含有大量的谷氨酸菌体以及各种氨基酸、色素类物质等。其主要生产流程见图 1-5。

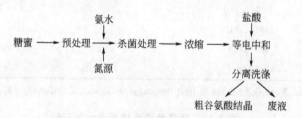

图 1-5　传统糖蜜谷氨酸的生产流程

糖蜜谷氨酸废液外观呈棕褐色，表面有少量气泡，酸性较强，COD 高达 $30000 \sim 70000 mg/L$，BOD 为 $20000 \sim 42000 mg/L$，悬浮固体（Suspended Solid 或者 Suspended Substance, SS）浓度为 $12000 \sim 20000 mg/L$，$NH_3\text{-}N$ 为 $6000 \sim 8000 mg/L$。此外，此类废液还具有低温、高硫酸根、高菌体残留量等特点。

在该废液中，主要成分来自培养基残留物、代谢产物和菌体等，发酵废液中主要成分有：

① 无机盐如 Ca^{2+}、K^+、Na^+、NH_4^+、Fe^{3+}、Cl^-、SO_4^{2-}、PO_4^{3-} 等。

② 2%～5% 的湿菌体，该菌体中含有大量蛋白质、脂肪和核酸类物质。此外该菌体粗蛋白含量高达 70%～80%，是优质蛋白源。

③ 微生物代谢副产物有机酸，主要有乳酸、琥珀酸等，糖蜜谷氨酸废液中氨基酸总量高达 7% 以上，除残余谷氨酸外，其他残留氨基酸主要有天冬氨酸、丙氨酸、甘氨酸、亮氨酸、异亮氨酸、赖氨酸、精氨酸等。

④ 糖蜜谷氨酸废液中还有残糖、尿素等。

⑤ 糖蜜谷氨酸废液中大量的色素物质主要成分为焦糖色素、美拉德色素和酚类色素等。此类废水如果直接排放会造成氨基酸、色素等宝贵资源的大量浪费,而且还会造成非常严重的环境污染,破坏生态环境。

1.3.3 糖蜜废液的水质指标

糖蜜废液有机物浓度高,废液的污染物含量严重超标(特别是 BOD、COD 等的含量),若未加治理排入江湖,必定对环境造成极大的威胁。以甘蔗糖蜜酒精废液和甜菜糖蜜酒精废液为例,其部分的水质指标分别见表 1-11 和表 1-12。

表 1-11　甘蔗糖蜜酒精废液水质指标

水质指标	数值
pH	3.0~3.5
温度/℃	80~100
BOD/(g/L)	25
COD_{Cr}/(g/L)	65
Ca(以 CaO 计)/(mg/L)	450~5180
TSS/(mg/L)	81
总氮/(g/L)	0.45~1.6
总磷/(g/L)	0.044~0.127
钾/(g/L)	3.1~6.5
SO_4^{2-}/(g/L)	6.4

注:TSS(Total Suspended Solid 或者 Total Suspended Substance,总悬浮固体),即水质中的总悬浮物。

表 1-12　甜菜糖蜜酒精废液水质指标

水质指标	数值
pH	4.5
BOD/(g/L)	36~65
COD_{Cr}/(g/L)	73.1~100
总氮/(g/L)	6.3
总磷/(g/L)	0.1

1.4　糖蜜废液的现状

1.4.1　糖蜜废液的处理工艺

糖蜜废液根据废水类型选择不同处理工艺。低浓度废水受污染程度小,一般只需经过冷却塔、喷水池或其他冷却设备来降低废水水温即可循环再用。而对于中高浓度废水的处理，早期一般采用氧化塘法，该法主要是通过人工挖池塘，将糖蜜废液储存后，依靠生物的自我净化功能。即废水在池塘内缓慢流动，经过池中微生物和水生植物的综合作用，使得有机污染物氧化降解，达到净化废水的作用。

随着我国对环境保护的重视程度日益增加，人们对环境的认识和治理也有了一定的深入研究，处理技术不断提高。因此，上述需占据大量土地且效率较低的处理方法逐渐被其他方法所取代，如三级生化处理法、浓缩燃烧法、生化处理产沼气等。虽然上述方法有其各自优点，但缺点也同样明显，如费用高、收益小、能耗高及易产生二次污染等。

1.4.2　糖蜜废液及其处理的环保问题

糖蜜处理过程中产生大量废水。以生产酒精为例，每生产 1 吨酒精产品将排放出 12 吨废液，其中有机物质总量也接近 1 吨。一间日产量 20 吨的酒精生产车间所排出的废液可达 300 吨/天，其污染程度相当于一个中等城市每天排放的生活污水总量。糖蜜酒精废液富含大量营养物质，颜色深，除含有大量固体悬浮物外，还含有较高浓度的糖类、果胶和蛋白质等溶解性有机污染物，如果排入水中，会使藻类大量繁殖，抑制鱼、虾及贝类等的生长繁殖，也会消耗水体溶解氧，导致水体腐败发臭，恶化水质，造成水生生物大量死亡。此外，糖蜜废液酸值高，富含硫酸根和氯根等，能够"烧死"庄稼、板结土地。因此，糖蜜酒精废液是制糖厂排放的最大污染物，也是产糖地区水质恶化的最主要原因之一。糖蜜酒精废液是一种腐蚀性极强的废水，具有很强的渗透性。如果存储时间过长，糖蜜废液能够渗入地下水，污染地下水源，造成严重后果。

排放的糖蜜酒精废液包含精馏塔底废液和粗馏塔底废液，两者均含有高浓度有机废水，理应将其纳入治理范围。当前，各糖厂的酒精废液处理主要集中于粗馏塔底废液，对精馏塔底废液则相对较少关注。原因是粗馏塔底废液颜色深、气味浓、酸度高等，如果将其直接排放，会对环境造成明显污染，理所当然成为了解决重点。与之不同，精馏塔底废液近乎透明，与清水无异，虽然无色，但含有各种易挥发有机物质，如醇、醛、酸、酯等。根据有关文献记载，精馏塔底废液的有机杂质高达 80 种以上。如果将其直接排入水体，则对环境的污染是累积性的、长期的。因此，精馏塔底废液的处理同样值得重视。

联合国发布的《21 世纪议程》明确指出："地球所面临的最严重的问题之一，就是不适当的消费和生产模式，导致环境恶化，贫困加剧和各国的发展失衡。"我国《制糖废水治理工程技术规范》（HJ 2018—2012）规定："制糖企业应积极采用清洁生产技术，改进生产工艺，提高水循环利用率，降低水污染物的产生量和排放量。鼓励制糖企业将制糖废水处理后实现资源化，提高水重复利用率。制糖废水治理工程的工艺配置应与制糖企业生产环节中的水循环处理利用系统相适应。应优先采用成熟可靠、高效、节能、低投资、低运行成本、低二次污染的处理工艺和设备。应采取措施防止二次污染。"对此，我国建立了一系列标准来控制企业对糖蜜和发酵行业的污染物排放量。自2014年1月1日起，现有企业执行表1-13规定的水污染物排放限值。

表1-13　现有企业水污染物排放限值

序号	污染物项目	限值		污染物排放监控位置
		直接排放	间接排放	
1	pH	6～9	6～9	
2	色度(稀释倍数)	60	80	
3	悬浮物	70mg/L	140mg/L	
4	BOD_5	40mg/L	80mg/L	企业废水总排放口
5	COD_{Cr}	150mg/L	400mg/L	
6	氨氮	15mg/L	30mg/L	
7	总氮	25mg/L	50mg/L	
8	总磷	1.0mg/L	3.0mg/L	
单位产品基准排水量/(m³/t)	发酵酒精企业	40mg/L	40mg/L	与排水量计量位置一致
	白酒企业	30mg/L	30mg/L	

自2012年1月1日起，新建企业执行表1-14规定的水污染物排放限值。

表1-14　新建企业水污染物排放限值

序号	污染物项目	限值		污染物排放监控位置
		直接排放	间接排放	
1	pH	6～9	6～9	
2	色度(稀释倍数)	40	80	
3	悬浮物	50mg/L	140mg/L	
4	BOD_5	30mg/L	80mg/L	企业废水总排放口
5	COD_{Cr}	100mg/L	400mg/L	
6	氨氮	10mg/L	30mg/L	
7	总氮	20mg/L	50mg/L	
8	总磷	1.0mg/L	3.0mg/L	
单位产品基准排水量/(m³/t)	发酵酒精企业	30mg/L	30mg/L	与排水量计量位置污染物排放监控位置一致
	白酒企业	20mg/L	20mg/L	

企业排放水污染物的测定方法标准见表1-15。

表 1-15　水污染物测定方法标准

序号	污染物项目	方法标准名称	方法标准编号
1	pH	水质 pH 值的测定　玻璃电极法	GB/T 6920—1986
2	色度	水质　色度的测定	GB/T 11903—1989
3	悬浮物	水质　悬浮物的测定　重量法	GB/T 11901—1989
4	BOD_5	水质　五日生化需氧量（BOD_5）的测定　稀释与接种法	HJ 505—2009
5	COD_{Cr}	水质　化学需氧量的测定　重铬酸盐法	HJ 828—2017
		水质　化学需氧量的测定　快速消解分光光度法	HJ/T 399—2007
6	氨氮	水质　氨氮的测定　蒸馏-中和滴定法	HJ 537—2009
		水质　氨氮的测定　纳氏试剂比色法	HJ 535—2009
		水质　氨氮的测定　水杨酸分光光度法	HJ 536—2009
		水质　氨氮的测定　气相分子吸收光谱法	HJ/T 195—2005
7	总氮	水质　总氮的测定　碱性过硫酸钾消解紫外分光光度法	HJ 636—2012
		水质　总氮的测定　气相分子吸收光谱法	HJ/T 199—2005
8	总磷	水质　总磷的测定　钼酸铵分光光度法	GB/T 11893—1989

1.4.3　糖蜜废液的资源化利用进展

糖蜜废液是一种高浓度有机废液，含有多种成分，若将其排放，则会对环境造成巨大的污染，但将其中成分进行资源化利用，则能提高经济效益，达到合理利用我国资源的效果。

近十几年来糖蜜废液综合利用的研究和实践有了很大发展，根据糖蜜废液的特性和处理工艺的不同，其用途也较为广泛。其中较为简单的方式是将其作为一种液体肥料进行农田灌溉，对提高土壤肥力和促进农作物增产都有较好的实际应用效果；利用蒸发浓缩方法，糖蜜废液经蒸发浓缩后具有很多用途，如制备燃料、饲料、肥料、减水剂、阻蚀剂、黏合剂等，具有很大应用前景和消费市场[10]。此外，糖蜜废液还可作为单细胞蛋白的培养基，在处理了糖蜜废液同时利用糖蜜废液中的营养物质转化为可利用资源。最后，仍可以通过一些技术手段将糖蜜废液中的有用成分再提取利用[11]，如提取废液中的色素、钾盐、氨基酸、甘油等。

（1）农田灌溉

农灌法是最简单的糖蜜废液资源化处理方法，糖蜜废液通过厌氧发酵脱硫降解后可直接用于农灌。糖蜜废液含有植物生长必须的氮、磷、钾和多种微量元素。用糖蜜废液作肥料能改善土壤的物理性质，增强保肥供肥能力，加强各种微生物的活动，促进土壤中有机质的分解转化，有利于溶解性养分的释放，从而提高土壤的肥力，改善农作物的营养条件。将糖蜜废液作为肥料对农作物进行灌溉，可以形成良性循环，但应避免废液浓度过高。

农灌法的优点是操作简单、投资少，但只适用于周围农田多而缺肥料的工厂。我国广西、广东、云南等一些农村所属的甘蔗糖厂通过该法使得农作物获得增产。北方地区的甜菜糖厂采取冬贮夏灌的方法，将糖蜜废液用于农灌。

在巴西，利用糖蜜酒精废液直接灌溉甘蔗已有悠久的历史，并获得了较好的经济效益。我国近年来也开展了关于甘蔗产量、品质、生理代谢和土壤理化性状的研究工作。研究发现，在适量范围内，施用糖蜜酒精废液能提高甘蔗出苗率、分蘖率、株高、茎径和有效茎，增加土壤肥力，促进土壤蛋白酶活性，提高产量和经济效益。国内也有将糖蜜酒精废液制成浓缩物，用于钾肥、有机肥和植物生长调节剂的生产。

据报道，广西近年已有大面积蔗区（累计已有 $1.5 \times 10^4 hm^2$ 以上，$1hm^2 = 10^4 m^2$）喷施糖蜜废液。喷洒过程中，如果施用量、施用时间和施用方法得当，即可达到增产增糖、降低种蔗成本和消除污染的效果。湛江农垦将糖蜜废液用于菠萝种植施肥，同样得到以上效果。上述方法操作简单、投资少、运行成本低，实际应用中取得了较好的增产和提高土壤肥力的效果。需要注意的是，施肥过程中应严格注意施用量、施用时期、喷淋技术及土壤类型，否则易造成烧苗及土壤板结。糖蜜酒精废液不宜施于肥沃的土壤及盐碱性土壤中。

于俊红等[12]将不同稀释倍数的糖蜜酒精废液喷洒在 3～4 叶、7～8 叶和抽苔期的菜心上，研究了糖蜜酒精废液对菜心生长、产量和品质的影响。研究结果显示，糖蜜酒精废液喷施对菜心的产量和品质有一定影响，其中 50 倍处理产量最高，较清水对照增加 14.83%；10 倍处理可溶性糖含量最高，较对照增加 70.89%；10 倍处理硝酸盐含量最低，降低幅度为 58.47%。上述结果说明，糖蜜酒精废液能够变废为宝，降低菜心施肥成本，促进资源的循环利用，在农用方面有一定利用价值。徐钢[13]研究发现，施用酒精废液可明显提高土壤肥力，如提高土壤有机质、全 N、全 P、全 K、碱解 N、速效 P 和速效 K 含量等，还能提高土壤好气性自生固氮菌的数量、土壤脲酶活性、土壤过氧化氢酶活性等。莫云川[14]发现连续两年施用糖蜜酒精废液有利于提高蔗田土壤有机质和 N、K 养分的吸收，但不利于 P 的释放和吸收；施用糖蜜酒精废液不仅可以显著提高甘蔗产量和单位面积蔗糖产量，还可降低甘蔗生产成本，提高竞争力，变废为宝，解决环境污染问题。

周祖光[15]将糖蜜废液进行消化处理，获得的沼液和沼渣反过来又为制糖和酒精生产提供原料，解决了全省 22 家糖蜜酒精厂废醪液的污染问题，避免每年43 万吨未经处理的废醪液进入水体；利用废醪液生产的沼气作为能源，相当于每天减少 1～1.5t 的燃煤烟尘排放量；每年约产生 3750t 污泥，可作为基肥使用；沼液灌溉可使周边 278hm² 闲置的贫瘠土地得到改良，其中有机质增加

109.6%，全氮增加 78.6%，速效磷增加 12.3 倍，速效氮增加 11.9%，速效钾增加 90.8 倍。

糖蜜废液施灌前后作物产量对比结果见表 1-16。

表 1-16　糖蜜废液施灌前后作物产量对比　　　　　　　　单位：t/hm^2

作物名称	施灌产量	未施灌产量	纯增加产量
甘蔗	127.5	52.5	75.0
石榴	21.0	15.0	6.0
甜玉米	3.3 万棒	3.3 万棒	0 棒
木薯	67.5	30.0	37.5
花生	3.2	2.1	1.1
毛叶枣	11.3	9.0	2.3
青皮冬瓜	67.5	67.5	0
南瓜	16.5	15.0	1.5
牧草	120.0	90.0	30.0

郑业鹏等[16]将赤泥与糖蜜酒精废液按不同比例混合，使碱性赤泥与酸性废液产生酸碱中和，掺入蔗渣、混合菌、白糖、新鲜牛粪，在低于 60℃条件下进行了一系列研究。结果表明：按质量比 $m_{赤泥}：m_{废液}＝4：6$ 进行混合均匀发酵，混合堆体的 pH 值为 7.3～7.5，堆体发酵程度高，松散程度增加；控制温度低于 60℃时，覆盖薄膜对发酵有利；松散程度较高的发酵体有利于植物的生长。

（2）蒸发浓缩后资源化利用

① 生产复合肥料。蒸发浓缩后的糖蜜废液含氮、磷、钾及腐殖质等，总有机、无机养分占干固物高达 90%以上，若将其有机质降解并配以各种适合农作物生长所需的氮、磷、钾等，则是十分理想的农用肥料。废液浓缩 60°Bx，经中和降解，再加上氮磷钾等经造粒、烘干、包装后得到复合有机肥。浓缩制复合肥能较彻底治理酒精废液的污染，废液的有机质、无机质等肥料要素大多是甘蔗在生长过程中从土壤直接获取，现又回归土壤，这是一种好的循环利用途径。

日本把浓缩液和粉碎树皮混合后堆放发酵，或加硫酸并加热，把有机物降解为腐质酸，再配无机肥，经压粒、干燥，制成有机-无机复合肥；法国将浓缩液喷灌到收割后的田间，用量 $2.5～3t/hm^2$；苏联是在潮湿地带秋翻时施用，或制成颗粒状复合肥；印度用浓缩液和石灰法滤泥加蔗渣制复合肥。我国有堆积发酵法制有机复合肥的报道，浓缩液和炉灰、滤泥、蔗渣在浅池中混合发酵后与氮磷钾化肥混合，造粒得复合有机肥。生态环境部华南环境科学研究所在广西壮族自治区南宁市武鸣区两家糖厂用浓缩液制成标准颗粒状复合肥，工艺如下：第 1

步，将酒精废液用石灰中和至 pH 7～8，澄清，每吨废水石灰用量 3.5kg，费用 1～15 元；第 2 步，将上层清液蒸发浓缩至 75～85°Bx，每蒸发 1kg 废水消耗 0.38～0.4kg 蒸汽，费用 11～12 元；第 3 步，采用圆盘造粒，在浓缩液中加入尿素、磷酸盐和氯化钾制成复合肥。工厂每天生产 20t 酒精，每天水处理量 300t，复合肥生产周期 300t/a，工程总投资 570 万元，年产值 1548 万元，运行费用 1094 万元，年利润 454 万元。目前，广西有 15 家糖厂采用这种技术，取得了较好的环境效益和经济效益。

② 生产动物饲料或饲料酵母。蒸发浓缩液的营养成分按干固物计：粗蛋白质 15%～20%，粗脂肪 0.3%～0.4%，矿物质 25%～30%，无氮浸出物 45%～52%，氧化钙 1%～2%，氧化钾 4%～10%；总能量 52.59～61.34MJ/kg，还有维生素、生长素和 9 种必需氨基酸，其能量仅次于世界公认的能量饲料糖蜜（63.10MJ/kg），是一种能量饲料资源。国外长期以来使用酒精废液浓缩液作饲料，一般认为浓缩液的营养价值相当于糖蜜的 80% 或玉米的 50%。浓缩液作饲料添加剂除具有促进食欲、补充矿物盐及黏合尘等作用外，还用作鸡的黄褐色素着色剂[17]。美国用浓缩液配蔗渣喂养肉牛有多年经验，由尿素、浓缩液、矿物质组成的饲料喂养肉牛，氮的吸收率和营养利用率都较高；邱康华等[18]报道在配制动物全价浓缩液时按 3%～10% 的比例加入，可使饲料中蛋白质、糖分、氨基酸增加；浓缩液可代替黏合剂；按 10%～15% 的比例掺入糠料中制成鱼饲料。

糖蜜废液约含 10% 的菌体酵母、灰分、胶体等干性物质。相比较而言，酵母菌体较难处理，而胶体和无机盐容易导致蒸馏塔塞塔。酵母体蛋白质含量高达 50% 以上，且包含丰富的氨基酸和维生素，营养成分很高。据估算，每 10kg 废液可回收 6～12kg 干酵母，因此可利用糖蜜废液生产饲料酵母。魏涛等[19]经过离心处理，将酵母菌体、胶体等有机物质分离出来，然后透过液再去蒸馏，蒸馏出来的液体的 COD、BOD 含量明显降低；据报道苏联 85% 的酒精废液用于生产饲料酵母，日产 2 万升的酒精厂可年产酵母粉 300t，$1m^3$ 酒精废液可得含粗蛋白 45% 的饲料酵母 7～8kg。可见浓缩液作饲料其市场的容纳量较大，产值比肥料高，且利用废液作饲料来源可节约粮食，发展畜牧渔业，具有更大的社会效益[20]。

糖蜜酒精糟液生产干饲料酵母工艺流程见图 1-6。

③ 生产水泥减水剂。酒精废液含残糖、羟基、羧基等有机酸，带阴离子负电荷，易被水泥颗粒表面的阳离子所吸附，故对水泥可起亲水表面活化作用，使水泥离子扩散，拌和时可减少用水量，故起到减水、缓凝作用，从而提高抗压强度。浓缩液中含有阴离子胶团，易被含阳离子的硅酸盐吸附，使水泥粒子扩散[21]。

据 Mikeladze 等[22]介绍，在地下建筑中，倾斜的水管的混凝是非常复杂的，加入浓缩液 2%～5% 能提高黏合力，保证质量，减少开裂，缩短建筑时间。浓

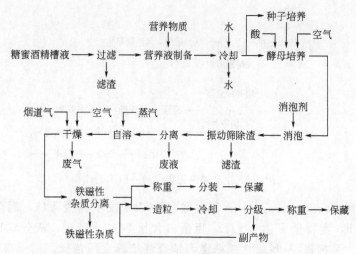

图 1-6 糖蜜酒精糟液生产干饲料酵母工艺流程

缩液的微生物发酵产生有机酸，这些酸和 $CaCO_3$ 反应，而不影响 $CaCO_3$ 的物理、化学性质，因此在水泥、石灰生产中加入浓缩液可节约能源。另外，浓缩液还可以作烧砖、瓦的黏合剂，锅炉的除垢剂。

（3）发酵生产单细胞蛋白

利用糖蜜废液中高浓度有机废液生产单细胞蛋白是一项先进的生物技术，可较好地开发废液资源、治理废液以及综合利用生产酵母单细胞蛋白。合成的单细胞蛋白是饲料工业和井冈霉素的主要原料，具有良好的应用价值。经酵母培养后的废液也可进行全回流，用于生产酒精，不但解决了环境污染问题，而且利于酒精厂构建酒精酵母回用联产工艺，进一步促进我国酒精工业和单细胞蛋白工业的双赢。

国外酵母单细胞蛋白年需求量达几千万吨，其中德国、捷克、印度尼西亚等国尤为缺乏蛋白质资源。我国蛋白质资源也同样匮乏。每 $100m^3$ 糖蜜废液大约可以生产 1t 酵母粉，产率在 12g（干基）/L 以上，其中蛋白质含量在 43% 以上，灰分不大于 9%。因此利用糖蜜废液生产单细胞蛋白具有很大的市场[23]。

生产单细胞蛋白的一般工艺流程如图 1-7 所示，将斜面种子进行扩大培养后，选取生长良好的种子，将其与水、基质、营养物等加到发酵罐中进行培养（可采取分批发酵或连续发酵）。待发酵完毕后进行菌体分离，可选用酵母离心机或者其他分离设备。若生产的单细胞蛋白用于制备动物饲料，则只需将收集到的菌体经过洗涤后进行喷雾干燥或者滚筒干燥。若要作为食物供人食用，则应先将其中大部分的核酸去除，将所得的菌体经水解破坏细胞壁后，经过分离、浓缩、抽提、洗涤、喷雾干燥后才能得到食用的蛋白。

陈有为等[24]利用甘蔗糖蜜酒精废液混菌发酵生产高质量菌体蛋白，通过热

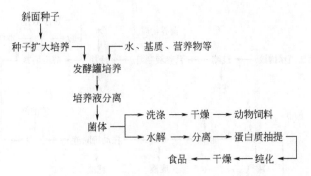

图1-7　生产单细胞蛋白的一般工艺流程

带假丝酵母 *Candida tropicalis* 种内融合株 Ct-3 配伍其他菌株，混菌发酵时间缩短 2～4h，生物量可达 20g/L，粗蛋白含量 50％～53％，灰分≤10％，水分 5％～8％。吴振强[25]利用甘蔗糖蜜酒精废液培养食用菌丝，菌丝得率达 1.1g/100mL，废液的糖浓度从 2.1g/100mL 降到 0.5g/100mL，COD 去除率为 39％左右。曾鸿鹄等以糖蜜废液为原料研究混菌种发酵提取蛋白饲料的最佳工艺条件，以微生物含量为主要指标，考察菌种组合、菌种配比、投菌量、发酵温度、发酵浓度、发酵 pH、氮源和无机盐等因素对发酵蛋白质产量的影响，为糖蜜废液资源化利用提供了理论和实验依据。

(4) 其他资源化利用

① 提取钾资源。钾在我国是一种很欠缺的资源，常常依赖于进口，比例高达 70％。而钾作为生物必需的三大要素之一，在工农业中有着举足轻重的作用。因此，钾资源的回收利用逐渐引起人们的重视。糖蜜酒精废液中含有丰富的钾元素[26]，其中 15～20g/L 钾盐可以回收利用。因此，从糖蜜酒精废液中获取钾元素有着重要的意义。

常用的脱钾方法[27]一般有 3 种：加入某种有机物或者无机物复合成盐再回收的化学沉淀法；用离子交换树脂或沸石等作为吸附剂的离子交换法；降低溶液中离子含量的电渗析法。其中，化学沉淀法脱除的钾并不完全，根据溶度积规则，当溶液的离子浓度乘积小于其溶度积时，则没有沉淀析出[28]。因此，此法只能除去一部分钾，剩余的钾则会通过饲料添加剂或饲料进入动物消化系统，对其造成损害。另外，加入的某种物质与钾反应后，必然会在废液中引入新的杂质，从而增加废水 COD 含量以及处理成本等。电渗析法具有能耗小、对原水含盐量变化适应性强、预处理简单、操作连续、无环境污染、成本低廉等优点，具有较大竞争力，适用于工业生产[29]。但当前电渗析法主要应用于产品的提纯和纯水制备，在糖蜜废液领域报道较少。冯红伟等[30]利用电渗析脱盐精制甘蔗糖蜜，锤度达 25°Bx，电压为 30V，流速为 70L/h 时有较好脱盐效果，脱盐率达到 77.35％，脱钾率达到 86.37％。离子交换法具有高选择性、离子交换树脂可以多次使用的优点。但缺点也同样明显：难以满足连续性生产的需要，因此生产能力受限。石云等[31]用强酸性阳离子交换树脂和强碱性阴离子交换树脂对大豆糖蜜进行脱盐，结果表明离子交换树脂能吸附去除约16倍体积的样品，若采用电渗析-离子交换树脂联用法，则处理量能达到35倍柱体积。

② 回收色素。目前，国内外学者对酒精废液色素的研究主要集中在降解或者分离上，以降低环境污染。据报道，酚类色素和美拉德产物均具有良好的抗氧化活性，可以作为一种天然抗氧化剂应用在食品、化妆品、保健品等行业，具有良好的开发价值。焦糖色素更是广泛应用于软饮料中[32]。

但糖蜜色素具有分子量大、结构复杂、抗氧化性强及生物降解性差等特点，且糖蜜废液中色素种类繁多，同类色素的聚合度也相差较大，导致糖蜜色素分子量分布范围较大，紫外可见吸收光谱平缓。酚类色素是甘蔗中最主要的植物色素，包括一些小分子的酚酸、黄酮及一些高分子量的鞣质或单宁，它们原有的色度并不高，但是在甘蔗压榨和澄清的过程中接触到空气中的氧气，在甘蔗自身的多酚氧化酶（PPO）的作用下，这些酚类色素会被氧化生成褐色的醌类化合物[33]。

糖蜜废液中也有大部分糖蜜本身带有的棕黑色素，还有部分发酵过程产生的焦糖色素。这两种色素是很好的天然着色剂，可以作为食品添加剂。可通过生物酶制剂和浓缩工艺，将分离后的上清液转化成焦糖色素，利用树脂进行吸附，然后用乙醇或氢氧化钠洗脱，就可以将色素予以回收[34]。

目前利用絮凝剂来沉淀废液色素是糖蜜酵母废液脱色的主要方式之一。糖蜜废液色素中美拉德色素及焦糖色素占很大比例，这些色素大多在溶液中属于亲水聚合物，色素分子结构中的吡啶或吡喃连接的酮基和羟基可以和金属阳离子（Cu^{2+}，Cr^{2+}，Fe^{3+}，Zn^{2+}，Pb^{2+}等）发生螯合，形成包含色素、氨基酸、蛋白质、糖类等物质的稳定复合物，将色素分子絮凝下来以达到脱色的效果[35]。

陈奔等[36]研究发现，乙酸铅与有机絮凝剂结合，可絮凝、脱除糖蜜酵母废液的色素，前者主要去除475nm色素，后者增强去除610nm和410nm色素。经响应面优化的最佳絮凝脱色条件为：pH 10，温度25℃，乙酸铅投量25g/L，聚丙烯酰胺投量10mg/L。此时废液脱色率可达93.57%，为该废液脱色提供了一种新参考。

迟茹等[37]采用NKA-Ⅱ大孔吸附树脂对糖蜜酒精废液中酚类色素进行吸附研究。实验表明NKA-Ⅱ树脂具有多次的可重复利用价值。NKA-Ⅱ树脂对糖蜜废液中酚类色素有很好的吸附效果，1g NKA-Ⅱ树脂能够吸附大于95mg的酚类色素，较同类吸附树脂更为优秀。最佳吸附工艺条件为：温度30℃、pH 3.8、时间90min、NKA-Ⅱ树脂用量5.5g、澄清液稀释至2.5倍，吸附率为83.88%。采用SPSS分析因素之间的交互作用，结果显示，用NKA-Ⅱ树脂吸附糖蜜废液时，pH、吸附温度和树脂质量之间的交互作用不显著。

此外，超滤膜分离方法也是一种快速高效的方法，具有操作条件简单、分离过程不涉及化学变化、选择性好、适应性强、能耗低等工艺特点。方学兴[38]采用超滤膜分离法回收糖蜜酵母废水中的焦糖色素，以焦糖色素干粉样品的色率、红色指数、黄色指数、耐酸性和耐盐性5项评价指标确定了最佳回收工艺流程，见图1-8。

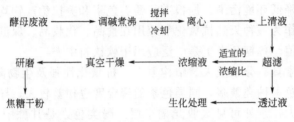

图1-8　糖蜜酵母废水中焦糖色素的回收工艺流程图

③提取氨基酸。糖蜜谷氨酸废液经回收色素后，仍含有大量氨基酸，其中以酸性氨基酸和中性氨基酸居多，是丰富的氨基酸资源。传统的处理方法使得相当数量的氨基酸被排放，造成极大的资源浪费。谷氨酸废液中氨基酸含量相对于发酵母液较低，利用传统氨基酸提取方法收率低、周期长、三废严重，液膜法特别适用于低浓度氨基酸溶液中氨基酸的提取[39]。

液膜法富集废水中氨基酸的机理：利用氨基酸的两性化合物性质，当谷氨酸废水pH接近于3时，其中所含较高的氨基酸如谷氨酸和天冬氨酸等均以阳离子形式存在。萃取剂与氨基酸解离出的离子发生反应，其产物可溶于有机相，使氨基酸从水相进入有机相，在内相放出氨基酸。氨基酸在液膜中的传输主要包括氨基酸阳离子A^+在膜的外界面与载体的阳离子交换（萃取），以及氨基酸的络合物在膜内界面与H^+交换（反萃取）两个连续过程。

谷氨酸废液中氨基酸大多以阳离子形式存在，故田光超[40]选取阳离子萃取剂二（2-乙基己基）磷酸作为载体，通过对影响液膜萃取的各种因素进行研究，确定了体系的最佳膜相组成和实验条件：当废水中氨基酸总量为2.6g/L时，较佳的乳状液膜体系是油膜相载体P204用量为5%、表面活性剂Span-80用量为6%、膜增强剂石蜡用量为2%、内水相为2mol/L硫酸溶液、乳水比1∶5。在此条件下谷氨酸废液中氨基酸萃取率高达80%以上，达到了分离富集的目的。

④提取甘油。过去由于分离技术不成熟和成本较高等原因，糖蜜酒精废液提取甘油没有正式形成生产。随着技术发展和甘油需求量的增加，从糖蜜酒精废液中提取甘油已具备较高可行性。由于糖蜜酒精废液含有较多悬乳物、灰分、胶体和酵母等物质，给浓缩及提制甘油带来较大困难，故需进行澄清处理及回收酵母。另外，因糖蜜酒精废液中甘油含量低，也给提取带来一定困难。可通过改进糖蜜酒精发酵工艺条件，使发酵液保持原有的酒分，并进一步提高甘油含量。

陆浩湉等[41]提出了一种新工艺，在蒸馏酒精后的废液中加入粗钾灰，从而形成沉淀，取清液蒸发浓缩，然后从浓缩液中蒸馏提取甘油，再次浓缩废液，焚烧，得粗钾灰。该工艺能够节省成本，还可避免污染物的排放，且提取甘油后的废液仍含有大量蛋白质和氨基酸，仍可用于生产饲料。但该技术工艺设备复杂，能耗也较高。

参 考 文 献

[1] QB/T 2684—2005.

[2] GB/T 21515—2008.

[3] 杨健. 有机工业废水处理理论与技术 [M]. 北京: 化学工业出版社, 2005.

[4] 凌长清. 利用高产酵母实现甘蔗糖蜜高浓度酒精发酵研究 [J]. 广西轻工业, 2011, 27 (02): 6-7+9.

[5] 谢式云, 马燕, 金桩, 等. 甘蔗糖蜜培养饲用酵母菌 YS-01 条件优化的研究 [J]. 畜牧与饲料科学, 2017, 38 (2): 26-28.

[6] 陈红征, 刘勇, 申彤, 等. 甜菜糖蜜酒精废液生产菌体蛋白饲料初探 [J]. 新疆大学学报 (自然科学版), 2002, 20 (3): 330-332.

[7] 胡咏梅, 艾慎, 丁一敏, 等. 蔗渣饲料生料发酵工艺的研究 [J]. 饲料工业, 2006, (17): 27-29.

[8] 李大鹏. 利用废糖蜜生产单细胞蛋白饲料的研究 [J]. 粮食与饲料工业, 2003, (11): 23-24.

[9] 李建政, 汪群慧. 废物资源化与生物能源 [M]. 北京: 化学工业出版社, 2004.

[10] 谭文兴, 蚁细苗, 钟映萍, 等. 糖蜜酒精废液资源化利用的研究进展 [J]. 甘蔗糖业, 2014, (5): 60-65.

[11] Satyawali Y, Balakrishnan M. Wastewater treatment in molasses-based alcohol distilleries for COD and color removal: A review [J]. Journal of Environmental Management, 2008, 86 (3): 481-497.

[12] 于俊红, 徐培智, 彭智平, 等. 糖蜜酒精废液对菜心产量和品质的影响 [J]. 广东农业科学, 2012, 39 (1): 14-15+18.

[13] 徐钢. 糖蜜酒精废液污灌对土壤质量的影响 [D]. 南宁: 广西大学, 2007.

[14] 莫云川. 糖蜜酒精废液对甘蔗和蔗田土壤影响的研究 [D]. 南宁: 广西大学, 2007.

[15] 周祖光. 糖蜜酒精生产废醪液资源化利用探析 [J]. 环境科学与技术, 2005, (2): 98-100+120.

[16] 郑业鹏, 朱文凤, 郭威敏. 赤泥与糖蜜酒精废液混合掺杂发酵制备土壤 [J]. 桂林理工大学学报, 2012, 32 (1): 109-114.

[17] Waliszewski K N, Romero A, Pardio V T. Use of cane condensed molasses solubles in feeding broilers [J]. Animal Feed Science and Technology, 1997, 67 (2): 253-258.

[18] 邱康华, 董毅宏, 许文健, 等. 甘蔗糖厂酒精废液浓缩粉末化的方法及用途: 中国, CN951037091 [P]. 1995-4-12.

[19] 魏涛, 刘慧霞, 周文红, 等. 糖蜜酒精成熟醪回收酵母产品的可行性研究 [J]. 甘蔗糖业, 2008, (3): 34-37+5.

[20] Zafar Iqbal, Nasir Ali Tauqir. Exploring Non-conventional Feed Resources for Feeding of Ruminants [M]. VDM Verlag Dr. Müller, 2011.

[21] Bolobova A V, Kondrashchenko V I. Use of yeast fermentation waste as a biomodifier of concrete (Review) [J]. Applied Biochemistry and Microbiology, 2000, 36 (3): 205-214.

[22] Mikeladze G T, Daneliya A I, Gakhariya R V. Use of mushy concretes in construction of the inguri hydroelectric station [J]. Hydrotechnical Construction, 1988, 22 (10): 598-600.

[23] 赵亮. 我国饲料产业研究 [D]. 武汉: 华中农业大学, 2006.

[24] 陈有为, 李绍兰, 方蔼祺. 甘蔗糖蜜酒精废液混菌发酵菌体蛋白的研究 [J]. 工业微生物, 1996,

(2)：13-16+2.

[25] 吴振强.甘蔗糖蜜酒精废液色素提取及其特性研究 [D].广州：华南理工大学，1997.

[26] 章朝晖.综合利用糖蜜酒精废液生产钾肥 [J].四川化工，2000，(3)：28-31.

[27] 张平军.糖蜜发酵废液中无机钾盐的提取与结晶技术研究 [D].广州：华南理工大学，2010.

[28] 曾谛，田苗苗，朱思明，等.糖蜜酒精废液脱钾树脂的解吸动力学 [J].广西科学，2016，23 (1)：62-66.

[29] 章朝晖.利用糖蜜酒精废液生产钾肥 [J].木薯精细化工，2000，(3)：21-24.

[30] 冯红伟，扶雄.电渗析法脱盐精制甘蔗糖蜜研究 [J].食品与发酵工业，2009，35 (11)：101-103.

[31] 石云，孔祥珍，等.离子交换树脂纯化大豆糖蜜上清液 [J].大豆科学，2016，35 (1)：130-135.

[32] 李春海，滕俊江，王彩凤，等.糖蜜酒精废液所含色素及其提取研究现状 [J].广东石油化工学院学报，2011，21 (1)：21-24.

[33] Wang B S, Li B S, Zeng Q X, et al. Antioxidant and free radical scavenging activities of pigments extracted from molasses alcohol wastewater [J]. Food Chemistry, 2008, 107 (3): 1198-1204.

[34] Fan L, Nguyen T, Roddick F A. Characterisation of the impact of coagulation and anaerobic biotreatment on the removal of chromophores from molasses wastewater [J]. Water Research, 2011, 45 (13): 3933-3940.

[35] 王利军.用离子交换纤维从糖蜜酒精废液中提取色素的研究 [D].南宁：广西大学，2008.

[36] 陈奔，卜国立，潘祥姚，等.乙酸铅组合高分子絮凝剂强化脱除糖蜜酵母废液色素 [J].广州化工，2015，43 (3)：66-69+115.

[37] 迟茹，姚志湘，粟晖，等.NKA-Ⅱ树脂对糖蜜酒精废液中酚类色素的吸附 [J].广州化工，2012，40 (24)：49-51.

[38] 方学兴.糖蜜酵母废水中焦糖色素的回收及厌氧生物处理废水的试验研究 [D].广州：华南理工大学，2016.

[39] 赵芯.利用糖蜜酒精废液生产氨基酸的生物技术研究 [D].桂林：桂林理工大学，2006.

[40] 田光超.糖蜜谷氨酸废水提取有价资源的研究 [D].南宁：广西大学，2012.

[41] 陆浩滟，朱涤荃，谢文化，等.高浓度糖蜜发酵酒精废液浓缩焚烧技术 [J].甘蔗糖业，2007，(4)：47-51.

第2章
糖蜜废液的常见处理工艺

糖蜜废液是一种高温、高硫、高浓度的有机废液，具有相对较高的 COD_{Cr} 值和 BOD_5 值，因自身含有大量的黑色素，所以具有很深的颜色，且容易发臭，倘若直接将其排放至水体中，会对水体造成严重的污染。因此，糖蜜废液是制糖工业中最严重的污染源。如果能够很好地处理糖蜜废液，使其达到排放标准，那么将对环境、经济以及社会做出很多贡献。

糖蜜废液成分较多，且污染物浓度高，因此，需具备较好的处理工艺来处理糖蜜废液。本章重点叙述当前糖蜜废液常见的处理工艺。

2.1 常见制糖废液类型及处理工艺

甘蔗制糖和甜菜制糖产生的废水有三种类型，应根据废水类型来选择处理工艺。

① 低浓度废水。该类废水基本未受污染，一般只需经过冷却塔、喷水池或其他冷却设备来降低废水水温即可循环再用。值得注意的是，循环水中应投加消毒剂以防止水质恶化，滋生微生物。

低浓度废水循环利用主要有两类[1]：

a. 冷凝用水，该类型对水质要求不高，只要水温达到要求，无粒状杂物即可重复使用。

b. 设备冷却水，主要用于汽轮发电机房的设备冷却和车间内部设备的冷却。该类型对水质要求较为严格：悬浮物浓度必须低于 $50mg/L$，否则会导致冷却设备运行效率降低和结垢堵塞。

② 中浓度废水。该类废水污染较为严重，内含大量悬浮物、漂浮物及一定数量的溶解性有机物。处理过程中，通常先用物理法将悬浮物和漂浮物去除，然

后再用好氧生物处理法或者化学混凝处理法进一步除去污染物。值得注意的是，废水中污染物质大多可通过一定的途径回收再利用，因此，该类型废水可以被重新再利用。

③ 高浓度废水。该类型废水含有相当数量的悬浮物和大量溶解性有机物。因此，需采用生物处理为主的综合处理方法予以处理。

中高浓度废水处理方法如下[2]。

① 厌氧-好氧生物处理法。许多糖厂采用厌氧-好氧生物处理法处理高浓度和中浓度制糖废液。该处理法采用高效厌氧反应器作为前处理设施，在 $30 \sim 35$℃条件下，BOD_5 能够降低 $75\% \sim 90\%$；采用生物滤池、活性污泥法或好氧塘、曝气塘作为后续处理设施，总 BOD_5 可下降超过 98%。

② 灌溉法。废水中含有大量氮、磷、钾等植物所需营养物质和大量悬浮物，可将其作为肥料以提高土壤肥力、增加农作物产量和降低农业成本。一般而言，废水中有机物和无机物被土壤吸收所需的时间介于一周和一个月之内。多年实践证明，废水作为肥料能够明显增加甘蔗和水稻产量，且生产成本明显下降。值得注意的是，废水浓度过高时，若直接用以灌溉农作物，有可能导致农作物烧根。因此，需将废水稀释再进行灌溉。

③ 氧化塘法。氧化塘法处理制糖废液常用多塘组合系统，以完成全部处理过程，并应考虑冰封期的贮存需要。

④ 厌氧-稳定塘处理系统。图 2-1 为厌氧-稳定塘处理系统工艺流程。废水首先通过厌氧反应器进行厌氧消化，一部分以沼气的形式进行回收利用，产生的污泥可用于农田施肥，处理后的废水加入低浓度废水进行稀释，然后依次将其输送至植物塘、浮游动物塘和养鱼塘，最后用于农田灌溉（农灌）或者直接排放[3]。

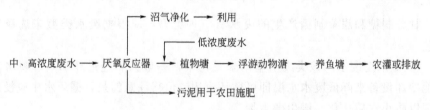

图 2-1　厌氧-稳定塘处理系统工艺流程

⑤ 厌氧-活性污泥法处理系统。图 2-2 为厌氧-活性污泥法处理系统，该处理

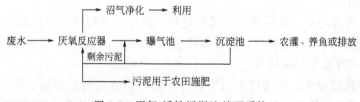

图 2-2　厌氧-活性污泥法处理系统

系统的厌氧部分与厌氧-稳定塘处理系统类似。经厌氧反应器处理后的废水进入曝气池进行好氧处理，然后流入沉淀池，沉淀池中上层清液可用于农灌、养鱼或直接排放等，沉淀池的污泥部分重新投入至厌氧反应器和曝气池再处理。

2.2　氧化塘法及其处理工艺

氧化塘（oxidationpond）又称稳定塘，是一种用以处理废水的天然池塘，或由人工适当修整或者完全由人工建设的构筑物，该池塘设有围堤和防渗漏系统等。氧化塘的净化过程与自然水体的自净过程相似，主要依靠生物的自我净化功能。废水在池内缓慢流动，经过池中微生物和水生植物的综合作用，使得有机污染物氧化降解，达到净化废水的作用。氧化塘能够降低水中有机物和氮、磷等物质，从而实现废水的资源化再利用[4]。

2.2.1　氧化塘的类型

根据塘内微生物的类型及其供养方式，氧化塘主要分为四种[5]。

① 好氧塘（aerobiepond）。该类塘主要特点是深度较浅，水深一般为 0.6～1.2m，通常阳光能够透过池底。该塘主要靠藻类供氧及大气复氧，全塘呈好氧状态，由好氧微生物对有机物氧化降解，起到净化废水的作用，其 BOD 去除率高。

② 兼性塘（facultatiuepond）。该类塘主要特点为深度较好氧塘深，一般为 1.2～2.0m，阳光能够透过浅层。浅层中藻类光合作用旺盛，溶解氧充足，呈好氧状态。塘底则因天气、季节或存在污泥等原因，通常底部溶氧不足，塘内呈缺氧状态，兼性微生物进行厌氧发酵。在好氧区与厌氧区之间，污水净化则由好氧和厌氧微生物协同作用。实际上大多数氧化塘属于兼性塘，塘内同时进行好氧反应和厌氧反应。

③ 厌氧塘（anaerobicpond）。该类塘水深较高，深度一般在 3m 以上，塘内缺乏溶解氧，呈厌氧状态。通常置于好氧塘、兼性塘前，作为常规的预处理方法进行水解、产酸和产甲烷等厌氧反应。

④ 曝气塘（aeratedpond）。该类塘主要特点为水深 3.0～4.5m，塘内安装机械或扩散充氧装置进行供氧，水体呈好氧状态，塘中好氧微生物能够对有机物进行氧化降解，从而达到净化目的。

2.2.2　氧化塘法净化污水的原理

氧化塘中藻菌共存，以兼性塘为例，塘内降解物质进入好氧区，细菌进行好氧分解，藻类进行光合作用，可沉固体进入底泥厌氧区，厌氧细菌进行厌氧消化作用（图 2-3）。

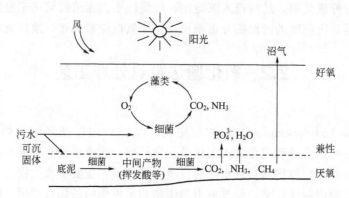

图 2-3　兼性塘净化功能模式图

好氧细菌能够将水中溶解性有机物氧化分解，所需氧气除了大气复氧外，还可通过人工曝气（曝气塘）得到补充。此外，藻类和水生植物也可通过光合作用放出氧气，藻类光合作用所需的 CO_2 可通过有机物分解释放获取。

废水中可沉固体积聚在塘底形成污泥，通过产酸细菌被分解为低分子有机酸、醇和氨等，部分物质可漂浮至上层好氧区继续被氧化分解，剩余物质可被污泥中产甲烷细菌分解生成甲烷[6]。

2.2.3　氧化塘的 5 大净化作用

预处理后的糖蜜废液，经过氧化塘不同的净化作用，可实现资源再利用的效果，具体处理系统工艺流程见图 2-4。

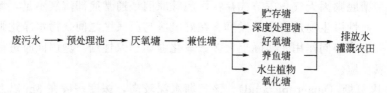

图 2-4　氧化塘处理系统工艺流程

① 稀释作用。氧化塘具有较大的水体面积，废水进入氧化塘后，在风力、水流以及污染物扩散等多重作用下，废水与塘水混合，使得废水得到稀释，降低污染物浓度，为净化作用创造良好条件。如：废水中有毒有害物质浓度降低，致使生物降解得以正常进行。

② 沉淀与絮凝作用。废水进入池塘后，流速降低，携带的悬浮物在重力作用下发生自然沉淀。此外，氧化塘内含大量生物分泌物，具有一定黏性，能够使细小悬浮颗粒发生聚集、絮凝，然后沉入塘底成为沉积层，从而被厌氧微生物分解。

③ 微生物代谢作用。好氧塘与兼性塘中，大部分有机污染物通过异养型好氧菌与兼性菌的代谢作用予以去除。厌氧塘中，沉入塘底的难降解物质通过厌氧菌的生理作用，将其转化为 CH_4、CO_2 以及硫醇、硫化氢等物质。

④ 浮游生物作用。氧化塘包含多种浮游生物。原生动物、后生动物可吞食游离细菌、藻类、胶体有机污染物和细小污泥颗粒等，分泌黏液起到絮凝作用，使塘水得以澄清。

⑤ 水生植物作用。氧化塘中，水生植物能够吸收磷、氮等营养物质，提高氧化塘的脱氮除磷性能。水生植物根部具有富集重金属的作用，能从一定程度上降低废水的重金属含量，提高重金属去除率。水生植物的茎和根部可为微生物提供水生介质，提高塘水供氧率，增加 COD 和 BOD 去除率。

氧化塘主要特征参数见表 2-1。

表 2-1　氧化塘主要特征参数

主要参数 ＼ 类别	好氧塘	兼性塘	厌氧塘	曝气塘
水深/m	0.4～1.0	1.0～2.5	>3.0	3.0～5.0
停留时间/d	3～20	5～20	1～5	1～3
BOD 负荷/[g/(m^2·d)]	1.5～3.0	5～10	30～40	20～40
BOD 去除率/%	80～95	60～80	30～70	80～90
BOD 降解形式	好氧	好氧、厌氧	厌氧	好氧
污泥分解形式	无	厌氧	厌氧	好氧、厌氧
光合成反应	有	有	—	—
藻类浓度/(mg/L)	>100	10～50	—	—

氧化塘处理技术有以下优点：

① 充分利用废河道、沼泽地、山谷和河漫滩等地形，降低建设投资成本，成本约为常规污水处理厂的 1/3～1/2。

② 可采用风能为氧化塘曝气充氧，降低运行和维护费用，成本约为常规二级处理厂的 1/5～1/3。

③ 美化环境，形成生态景观。

④ 实现废水资源化再利用。经氧化塘处理的废水可达到农业灌溉要求，同时也可充分利用废水的水肥资源——塘中污泥与水生植物混合堆肥，生产土壤改良剂。生态塘还可养鱼养虾等，产生一定经济收入。

⑤ 经氧化塘处理的污泥量仅为活性污泥法的 1/10。

⑥ 适应和抗击负荷强，能承受水质和水量较大范围变动。

同时，氧化塘也存在下列不足：

① 占地面积过大，使得土地使用成本增大。

② 稳定性不足，处理效果易受季节、气候、温度、光照、营养物质、有毒

物质等影响。

③ 防渗处理要求高，容易出现渗漏导致地下水污染。

④ 容易散发臭气，滋生蚊蝇，如果处理不当，会对周边环境造成影响。

2.3 生化处理法及其处理工艺

糖蜜废液生化处理法主要包括：好氧法、厌氧法和好氧-厌氧法结合。

2.3.1 糖蜜废液好氧法处理工艺

糖蜜废水好氧生物处理工艺包括膜生物反应器（MBR）、曝气生物滤池（ABF）、活性污泥法等。

2.3.1.1 膜生物反应器

膜生物反应器（Membrane Bioreactor，MBR）是一种将膜分离技术与传统生物废水处理技术相结合的新型反应器[7]。自 20 世纪 60 年代，超滤膜作为固液相分离的手段被提出后，膜生物反应器的研究和发展经历了大致 5 个阶段。

20 世纪 70 年代末，主要利用膜过滤技术分离好氧或厌氧污泥，此时膜过滤技术并不优良，容易出现膜污染和膜破裂等问题。

20 世纪 90 年代初，膜污染和膜破裂问题已得到一定程度解决。膜性能提高和价格下降为膜技术开拓了新的市场。膜技术被广泛用于生物废水处理之中，真正意义的膜生物反应器就此诞生，但局限于高浓度和小流量的废水处理，仍不能满足更优质量和更小占地面积的需求。

20 世纪 90 年代中期，日本和加拿大研究发明了浸没式膜生物反应器，使膜生物反应器市场看到了新的曙光。这种反应器不需要很高的错流速率来清洁膜表面，但膜通量较低，需要更多膜面积。膜组件可容纳更多膜面积，因此这种膜组件的加工费用相对较低，操作能耗远低于普通外置式膜组件。

20 世纪 90 年代末，浸没式膜生物反应器成本进一步降低，在生物废水处理领域具有一定优越性。研究与实践表明，膜生物反应器在大规模废水处理上，尤其比占地面积要求更高的废水处理方法更具有竞争性。

当前，在废水处理领域中，浸没式膜生物反应器的使用大概占 55%，其余是膜外置式生物处理系统。与传统生物处理系统相比，膜生物反应器并没有广泛应用，仍局限于传统废水处理。但是，膜生产增加和自动化技术提高，膜组件价格不断下降，水资源短缺，中水回用引发了人们更大兴趣，再结合土地资源短缺，相信膜生物反应器的应用前景在不久会更为广泛[8]。

膜生物反应器主要有 3 类[9]：固液分离型膜生物反应器（Solid/Liquid Separation Membrane Bioreactor，SLSMBR 或 MBR)、曝气膜生物反应器（Membrane Aeration Bioreactor，MABR)、萃取膜生物反应器（Extractive Membrane Bioreactor，EMBR）。

(1) 固液分离型膜生物反应器

固液分离型膜生物反应器（MBR）是一种用膜分离取代传统污泥法中二次沉淀池的一种水处理技术，属于膜生物反应器的一种。

传统废水处理技术中，二次沉淀可将固体与液体分离，分离效率取决于活性污泥的沉降性能。通常来说，沉降性能越好，固液两相的分离效率越高。活性污泥的沉降性能由曝气池的运行状况决定，改善污泥沉降性能必须严格控制曝气池的操作条件。二次沉淀的固液分离决定了曝气池污泥不能维持很高的浓度，一般介于 $1.5 \sim 3.5 \mathrm{g/L}$ 之间，从而限制生化反应速率[10]。此外，水力停留时间（HRT）与污泥龄（SRT）相互决定，提高容积负荷与降低污泥负荷往往形成矛盾，从而限制了该方法的适用范围。

系统在运行过程中会产生大量剩余污泥，其处置费用占到总运行费用的 $25\% \sim 40\%$。另外，活性污泥处理系统容易出现污泥膨胀现象，出水中含有悬浮固体，使得出水的水质恶化。针对上述问题，MBR 将分离工程中的膜分离技术与传统废水生物处理技术有机结合，很大程度上提高了固液分离效率。此外，曝气池增加了活性污泥浓度，导致污泥中出现特效菌，提高了生化反应速率。降低 F/M 比（表示污泥负荷，是指在单位重量的活性污泥在单位时间内所度承受的有机物的量；其中 F 指有机物的量，M 指活性污泥的量），甚至消除剩余污泥产生量。图 2-5 为 MBR 膜生物反应器的工艺流程。

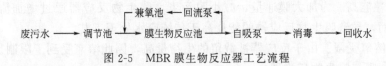

图 2-5 MBR 膜生物反应器工艺流程

膜生物反应器与传统废水生化处理工艺相比，具有以下优点：

① 出水水质较为优质且稳定。由于膜的高效分离作用，分离效果比传统沉淀池技术更为优秀，其出水更为清澈，悬浮物与浊度几乎为零，而且细菌与病毒被大幅度去除，因此，出水的水质符合《城市污水再生利用 城市杂用水水质》（GB/T 18920—2002)，甚至可作为非饮用市政杂用水进行回用。

膜分离能够使微生物被完全截留在生物反应器内，致使系统内部维持较高的微生物浓度，这不仅能够提高污染物的整体去除效率，保证良好的出水水质，而且还能提高反应器对进水负荷的适应性，增加冲击负荷，保证出水水质优质且稳定。

② 剩余污泥产量较少。膜生物反应器可在高容积负荷和低污泥负荷条件下良好运行，剩余污泥产量低甚至接近于零，降低污泥处理费用。

③ 占地面积少，不易受设置场合的限制。膜生物反应器能够在系统内部维持较高的微生物浓度，提高处理装置的容积负荷，节省装置的占地面积。此外，膜生物反应器的工艺流程简单、结构紧凑、占地面积小，不易受到设置场合的限制，可做成地面式、半地下式或地下式等。

④ 可去除氨氮及难降解有机物。由于微生物被完全截留在生物反应器内，部分增殖缓慢的微生物如硝化细菌等具备足够时间进行增殖，提高了系统的硝化效率。同时，延长部分难降解有机物在系统中的停留时间，有利于增加降解效率。

⑤ 操作管理方便，易于实现自动控制。膜生物反应器法完全分离了水力停留时间（HRT）与污泥停留时间（SRT），解决了两者之间的矛盾，使运行控制更加灵活稳定，可实现计算机自动控制，操作管理更为方便。

⑥ 易于改造传统工艺。膜生物反应器可作为传统废水处理工艺的深度处理单元，在城市二级废水处理厂的出水深度处理等领域有着广阔的应用前景。

⑦ 不会发生污泥膨胀。膜生物反应器启动时间短，不存在污泥膨胀问题。

膜生物反应器存在以下不足：

① 膜造价高。膜的造价相对较高，导致膜生物反应器的投资建设成本高于传统废水处理工艺。

② 膜易受污染。膜在操作上很容易受到污染，需要清洗，给操作管理带来不便。

③ 需要一定驱动压力作用。泥水分离过程中须保持一定的膜驱动力，膜生物反应器含有较高浓度污泥，因此需增加曝气强度以保持充足的传氧速率。

④ 耗能高。为加大膜通量，减小膜污染，膜生物反应器通过增加流速以冲刷膜表面，导致膜生物反应器的能耗高于传统废水处理工艺。

⑤ 溶氧受限。由于反应器被截留的生物量高，因此溶氧受到了限制。

（2）曝气膜生物反应器

曝气膜生物反应器一般采用平板膜、管式膜以及中空纤维膜。中空纤维膜应用最为广泛，因为这种膜能够提供相对较大的表面积，从而占据较小体积。气体分压低于泡点（Bubble Point）时，可向生物反应器无泡曝气。如图 2-6 所示，氧通过疏水材料膜的微孔传递到膜材料表面，然后附着在生物膜内，有机物和营养物质通过废水传递至生物膜内，具有溶解性和气相的代谢物则通过生物膜传递至废水相中。

该工艺提高了传氧速率和接触时间，有利于工艺控制，且工艺不受气泡大小和停留时间的影响，因此氧的传递效率可高达 100%。此外，该反应器的有机物去除率较高，特别适用于氧需求量高的生物系统、高挥发性有机物质的降解、表面活性剂的降解以及单一反应器内的同步脱碳和脱氮。

曝气膜生物反应器具有以下优点：①溶氧利用率高；②能量利用高效；③占

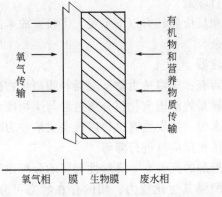

氧气相　膜　生物膜　废水相

图 2-6　疏水性多孔膜的曝气膜生物反应器

地面积小；④易于从传统工艺中改造。

但也有以下缺点：①膜易受到污染；②基建资本费用高；③未经大规模验证；④工艺过程复杂。

(3) 萃取膜生物反应器

萃取膜生物反应器（EMBR）的原理如图 2-7 所示，用膜将废水与活性污泥隔开，使废水在膜内流动，而含有细菌的活性污泥在膜外流动，两者不直接接触。有机污染物可通过膜的选择透过性进入另一侧，从而被微生物降解。对微生物不利的物质则会被留在原处。膜两侧部分各自独立，两侧水流相互影响不大，营养物质和微生物的生存条件不会受到影响，水处理效果更加稳定。系统的运行条件如 HRT 和 SRT 可分别控制在最优的范围，以维持最大的污染物降解速率。

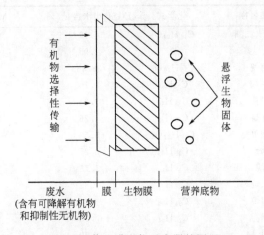

废水　　　膜　生物膜　营养底物
(含有可降解有机物
和抑制性无机物)

图 2-7　萃取膜生物反应器的原理

萃取膜生物反应器有以下优点：①对有毒工业废水特别有效；②出水量小；

③易于从传统工艺进行改造。

同时，萃取膜生物反应器具有以下不足：①投资成本高；②未有大规模验证实例；③工艺过程复杂。

（4）其他生物反应器

新型的生物反应器有：膜渗透生物反应器和膜酶生物反应器。

膜渗透生物反应器是将渗透汽化膜分离过程与生物废水处理相结合，在处理含有挥发性有机物废水时，挥发性有机物以压差或浓差为驱动力，不断渗透到膜的另一侧，然后进入生物反应器进行降解。

膜酶生物反应器把酶的高效专一降解性与膜的分离作用有效结合起来，能够提高酶的利用效率，增强其生化能力。酶的存在状态可分为固定化酶和流态化酶，均可用于处理高盐度、难降解、有毒有害的有机工业废水。

高靖伟等[11]采用厌氧膨胀颗粒污泥床（EGSB）反应器与好氧膜生物反应器（MBR）组合工艺对糖蜜发酵废水进行处理，讨论了组合工艺对发酵废水的处理效能（包括甲烷产生效率和污染物的去除效率等）。研究结果表明，35℃下进水废水的 COD 值约为 2250mg/L，pH 在 6.0 左右时 EGSB 可以去除发酵废水约 75.6% 的 COD，同时甲烷的产率为 $0.48m^3/(m^3 \cdot d)$。对于 MBR，溶解氧（DO）为 1~2mg/L 时，通过曝气-搅拌交替运行可处理 EGSB 的出水，实现同步硝化反硝化，并且在曝气 3h-搅拌 1h 条件下，可分别去除 85.13% 和 58.57% 的 NH_4^+-N 和总氮，使 COD 去除率达 85%。

表 2-2 是分别采用 GC-MS 对废水原水中 EGSB 出水和 MBR 出水中可溶性有机物进行分析的结果。

表 2-2　出水中主要有机物

序号	检出有机物名称	化学式	EGSB 出水含量/%	MBR 出水含量/%
1	甲基丙烯酸十二酯	$C_{16}H_{29}O_2$	4.19	0.00
2	硫环	S_8	2.96	0.00
3	二酚基丙烷	$C_{15}H_{16}O_2$	38.48	0.11
4	正二十一烷	$C_{21}H_{44}$	0.76	0.59
5	正十九烷	$C_{19}H_{40}$	1.34	0.88
6	正二十五烷	$C_{25}H_{52}$	1.36	1.19
7	邻苯二甲酸单酯	$C_{16}H_{22}O_4$	5.53	0.28
8	1-十九烯	$C_{19}H_{38}$	3.27	2.37
9	正十七烷	$C_{17}H_{36}$	1.75	1.19
10	正二十八烷	$C_{28}H_{58}$	2.39	2.91
11	正二十四烷	$C_{24}H_{50}$	1.94	1.87
12	正十六烷	$C_{16}H_{34}$	3.06	2.72
13	9-甲基十九烷	$C_{20}H_{42}$	1.90	2.78
14	正二十烷	$C_{20}H_{42}$	1.91	2.10
15	正三十四烷	$C_{34}H_{70}$	1.23	1.36

从表中可以看到，废水原水主要包含甲基丙烯酸十二酯、硫环、二酚基丙烷和一些长链烷烃等物质，表明原水水质复杂，有机物种类繁多。研究结果显示，EGSB对大部分有机污染物都具有很好的去除效果，而MBR出水的甲基丙烯酸十二酯、硫环和二酚基丙烷也基本完全除去，邻苯二甲酸单酯也能去除约95%。剩余的长链有机物不能完全除去，只是含量相对减少，这可能是因为这些有机物多为难降解的长链烷烃，不易被微生物完全降解去除。

黄佳蕾等[12]采用两相厌氧+好氧工艺处理高浓度糖蜜废水。废水先进入内循环厌氧产氢反应器中反应，然后进入IC反应器中产甲烷，最终进入生物膜反应器。研究结果表明，当进水废水的COD值在7800mg/L左右时，产氢相的有机负荷为90kg/(m^3·d)，产甲烷相的有机负荷为7.9kg/(m^3·d)，生物膜反应器的有机负荷为0.39kg/(m^3·d)时，最终出水COD可降至81.41mg/L，符合制糖工业的水污染排放标准。此时，产氢相产氢量和产甲烷量分别为20L/d和3L/d；产甲烷相产甲烷量为69.3L/d；系统总产热量高达99kJ/L。因此，两相厌氧+好氧工艺处理高浓度糖蜜废水不仅可使出水COD低于100mg/L，实现废水达标排放的目的，还能产生很高热量，实现废水的无害化和资源化。

张虹等[13]采用膜分离式活性污泥法作为UABS的后续阶段处理糖蜜酒精废水。实验结果表明：膜生物反应器能够去除一部分进水可溶性大分子物质，当水力停留时间（Hydraulic Retention Time，HRT）为1d时，总有机碳（Total Organic Carbon，TOC）去除率可达60%。但上述系统对色度的去除效果并不理想，其焦糖分子量主要分布在3000以下，膜的滤过通量随反应器中混合液悬浮固体浓度（Mixed Liquid Suspended Solids，MLSS）的增加而下降，膜运行周期约为10d。

两级UASB+MBR处理糖蜜酒精废水工艺流程如图2-8所示。

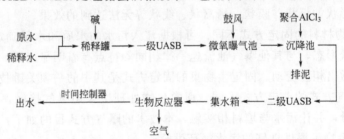

图2-8　两级UASB+MBR处理糖蜜酒精废水工艺流程

厌氧阶段主要由两级UASB反应器组成，原水经稀释后进入一级UASB，通过调节进水流量控制进水COD的容积负荷，加入Na_2CO_3调节pH，试验中不再另外加入各种营养盐；微氧曝气并投加聚合氯化铝絮凝，是为了改变一级UASB出水的部分有机物性质，提高其生化降解性；好氧阶段采用浸没式中空纤维膜生物反应器（MBR）。活性污泥反应槽有效容积9L。进水采用隔膜式计量泵由反应器底部连续泵入，出水则由时间控制器控制隔膜式计量泵开启时间，间歇性出水，抽吸 2h，停吸 2h。反应器底部设一污泥采样口，以观察污泥相。试验温度厌氧阶段为（35±2）℃，好氧阶段为室温 20℃。

通过 UF 装置［ISIR3028，截留分子量（MWCO）分别为 3ku、10ku、20ku］测定进出水截留前后的 TOC 变化，从而考察进出水中不同分子量有机物的降解情况，详见表 2-3。

表 2-3　不同分子量截留对进出水 TOC 及出水色度的影响

项目	TOC 含量	MWCO <3ku	3ku<MWCO <10ku	10ku<MWCO <20ku	MWCO >20ku
进水	TOC/(mg/L)	1593.45	91.80	69.12	426.05
	TOC/%	73.08	4.21	3.17	19.54
出水	TOC/(mg/L)	548.07	13.82	17.65	56.19
	TOC/%	86.30	2.17	2.78	8.84
去除率/%	—	65.60	84.95	74.46	86.81
出水色度/%	—	75	4.17	12.71	8.12

注：1ku 相当于 0.3 国际单位（IU）。

孟昭等[14]采用新型生物膜反应器系统对我国南方某高浓度难降解乙醇废水进行小型现场处理试验。

该系统与其他生物污水处理系统的外形和运行方式相似，但也有其独特之处。

① 生物接触材料的材质和结构不同。接触材料为特种抗污型复合式改性 PP 材料，并利用了获得专利的骨骼状球形滤材。该形状比表面积大、空隙率高，可达到其他形状如板状、膜状、蜂窝状、线状等无法达到的效果。

② 生物材料的固定方式不同。可根据流入污水的水质和水量确定其容积率、形状和设置形态，与其他曝气池流速一律相同等特点有着明显区别，各槽之间的流速也会做出相应变动。固定生物巢的固定方式是其中的一项关键技术。

③ 曝气方式的选定方式不同。通常生物处理法采用曝气接触，目的是维持水中含氧量，并让污水与填料相接触，本技术的曝气方式目的如下：

a. 为生物巢提供良好的污水循环供给；

b. 为生物巢上的生物（好氧菌和厌氧菌）提供最适溶解氧量；

c. 在好氧菌和厌氧菌稳定状态下，产生稳定的水流。

图 2-9 是污水处理流程，各功能槽的构成及功能如下：

① 原水槽。首先将乙醇废液装入原水槽中，按照 2∶1 的乙醇废液与自来水体积比加入自来水降温（废液温度 98℃左右），然后加入少量絮凝剂并搅拌去除胶状物质。用处理后的排放水代替自来水进行降温；用氢氧化钠调污水 pH 至中性。

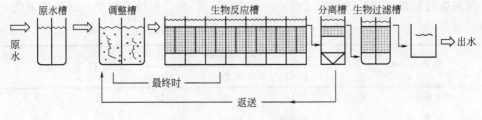

图 2-9　污水处理流程

② 调整槽。经过预处理的污水按照一定流量注入调整槽。在调整槽中将原水与少量污泥混合并曝气，对溶解性有机物进行污泥化处理。

③ 生物反应槽（设置固定滤床的槽）。生物反应槽共设置 8 个，内填充大量生物巢滤床系统（填充率约 80%）。前 3 个生物反应槽的生物巢球状滤材直径为 15cm（比表面积 $60m^2/m^3$），中间 3 个生物反应槽的生物巢球状滤材直径为 12.5cm（比表面积 $80m^2/m^3$），最后 2 个生物反应槽的生物巢球状滤材直径为 10cm（比表面积 $100m^2/m^3$）。各反应槽均采用上部流入、下部流出的方式通过管道相互连通。反应槽内重复进行厌氧消化和好氧处理，通过曝气搅拌在同一槽内生成好氧层和厌氧层。各槽曝气量和搅拌强度根据实际情况分别进行调整，各槽内固定滤床和上部水层之间氧化还原电位维持在 400mV 左右。通过调整各槽之间的上部水层和曝气量，致使各槽之间氧化还原电位差值维持在 100～300mV 之间。

经过各生物反应槽的连续处理，污水的悬浮固体（MLSS）质量浓度不断下降，到最终生物反应槽处，污水的 MLSS 质量浓度一般达到 800mg/L 以下。

④ 生物过滤槽。将经过生物反应槽处理的污水进行固液分离，上清液进入下阶段处理。分离出的固体污泥量较少，每日利用数十分钟至数小时时间将污泥作为种污泥返送回调整槽内，因此整个污水处理过程不需进行额外污泥处理。

⑤ 脱色灭菌装置。生物过滤槽的出水根据排放标准还可追加设置类似的光电臭氧发生器进行脱色灭菌处理，即可作为最终出水排放。

实际检测结果表明：上述试验装置仅需 4d 时间即可培养出适合降解高浓度糖蜜乙醇废水的驯化微生物群；随着好氧和厌氧反应程度的此消彼长，生物膜厚度不断变化，最终使污水中污泥完全分解；5d 后出水 COD_{Cr} 达到 63mg/L。

稳定降解开始后，整个系统即可自动控制运行，出水测试结果稳定。表 2-4 为试验装置运行 8d 后出水测试结果。结果显示，各主要污染物的降解率均可达到 99.6% 以上。整个污水处理过程中无污泥产生，固液分离非常容易，出水水质稳定。系统流程简洁、操作简单并可自动化控制，日常运行管理只需监视电动机和送风机即可。因不必将全部 BOD 氧化，故所需的送风量较少，因此该方法所需电耗只是常规活性污泥法的 60%～80%；另外，系统占地少、运行成本低。

表 2-4　糖蜜酒精废水处理后的数据

废水	pH	ρ_B/(mg/L)			色度/倍	温度/℃
		COD_{Cr}	BOD_5	SS		
排放标准	6～9	≤300	≤100	≤150	≤80	—
原水	3～5	110000	42000	5200	2000	98
出水	7.3	65	30	21	20	—
降解率/%	—	99.9	99.9	99.6	—	—

注：ρ_B 代表废水中 COD_{Cr}、BOD_5、SS 等物质的含量。

结果表明：在 25℃ 的平均温度下，采用该新型生物膜反应器，4d 内即可培养出一定厚度的驯化微生物膜并开始稳定降解污水，5d 后各主要污染物指标的降解率均在 99.6% 以上，并能稳定地达到《污水综合排放标准》（GB 8978—1996）有机物排放标准。该系统流程简单，操作方便，无污泥产生，运行成本低，可应用于高浓度难降解有机物污水处理，是一种极具发展潜力的新型工艺技术。

2.3.1.2　曝气生物滤池

(1) 曝气生物滤池研究进展

曝气生物滤池（Biological Aerated Filter，BAF）也叫淹没式曝气生物滤池（Submerged Biological Aerated Filter，SBAF），始于 20 世纪初，成熟于 20 世纪 80 年代中期，是一种新型生物膜工艺。曝气生物滤池是在普通生物滤池、高负荷生物滤池、塔式生物滤池、生物接触氧化法等基础上发展而来，被称为第三代生物滤池（The Third Generation Filter）。进入 20 世纪 90 年代后，曝气生物滤池掀起了研究和开发的热潮。

在开发过程中，曝气生物滤池充分借鉴了废水处理接触氧化法和给水快滤池的设计思路，集曝气、高滤速、截留悬浮物、定期反冲洗等特点于一体。

曝气生物滤池工艺首先用于三级处理，后来经过发展，直接用于二级处理。随着研究的深入，曝气生物滤池从单一的工艺逐渐发展成系列综合工艺。目前世界范围普遍采用两种 BAF 系统，分别是 Biostyr 工艺和 Biofor 工艺，均为周期性运行，从开始过滤至反冲洗完毕为一完整周期。

如今，BAF 广泛应用于欧洲、北美国家和日本等，现已建成数百座 BAF 处理设施。其应用领域包括城市废水处理、生活污水处理、工业废水处理和中水回用工程等[15]。

(2) 基本原理

曝气生物滤池的滤料是一些粒径较小的新型粒状材料，将其装入滤池，并浸没在水中，然后在池底安装曝气系统，从而为滤池提供足够氧气，使废水中有机物处于稳定的有氧状态。

具体可以概括为以下 3 个过程：

① 生物氧化降解过程。废水在垂直方向由上向下通过滤料层时，利用滤料的高比表面积对废水进行快速净化。

② 截留过程。废水流经时，滤料呈压实状态，利用滤料粒径较小的特点及生物膜的生物絮凝作用过滤截留废水中悬浮物，且保证脱落的生物膜不会随水漂出。

③ 反冲洗过程。运行一定时间后，因水头损失增加，利用处理后的出水对滤池进行反冲洗，以释放截留的悬浮物以及更新生物膜，排除增殖的活性污泥。

(3) 曝气生物滤池主要特点

① 用人工强制曝气代替自然通风。

② 用粒径小、比表面积大的滤料以提高生物浓度。

③ 联合生物处理与过滤处理，省去了二次沉淀池。

④ 反冲洗方式可降低堵塞可能性，并提高生物膜活性。

⑤ 联合生化反应和物理过滤，既具备生物膜法的优点，又具有活性污泥法的优势。

⑥ 具有生物氧化降解和过滤双重作用，可以获取更高的出水水质，达到回用水水质标准，适用于生活污水和工业有机废水的处理及资源化利用。

(4) 曝气生物滤池优缺点

① 处理能力强，容积负荷高。填料颗粒小，比表面积大，滤池单位体积内能保持较高生物量。生物膜较薄、活性较高，具有高水力负荷和高容积负荷，可有效去除 COD、BOD、SS 和 NH_4^+ 等，具有多种净化功能。

② 节省基建投资，减少占地面积。曝气生物滤池占地面积仅为活性污泥法的 1/5～1/3，可替代活性污泥法用于一般废水的二级处理。水力停留时间约 1h，可节省基建投资并减少占地面积。此工艺适用于土地紧张的区域。

③ 运行费用低。供气能耗占据较大比例的运行费用，曝气生物滤池氧的利用效率可达 20%～30%，曝气量占传统活性污泥法的 1/20、氧化沟法的 1/6、SBR 的 1/4～1/3，供氧动力消耗低。因此，曝气生物滤池水头损失相对较小，剩余污泥量少且易处理，可以很有效地节约能耗和降低运行费用。

④ 抗冲击负荷能力强，耐低温。曝气生物滤池可在超过核定负荷 2～3 倍的短期冲击负荷下运行，而出水水质变化可忽略不计。一旦曝气生物滤池挂膜成功，可在 6～10℃下运行并保持较好的运行效果。

⑤ 易挂膜，启动快。水温 15℃时，曝气生物滤池只需 2～3 周即可完成挂膜过程。在不适用的情况下还可关闭运行，而附着生长在粒状填料内部和表面的大量微生物以孢子的形式存在，不会死亡。一旦通水曝气后，可在短时间内恢复正常。因此，曝气生物滤池非常适合于水量变化较大地区的废水处理。

⑥ 运行管理方便，便于维护和改扩建。曝气生物滤池采用模块化结构，运行和管理简单，易于维护，仅需对滤池做单独维护，不必停止整条工艺链的运行。扩建时，仅需并列增加滤池数，不会影响已有工艺的运行。曝气生物滤池还可与其他传统工艺组合使用，改造过去废旧老厂即可，避免资源浪费。

⑦ 全程采用自动化控制，便于管理。曝气生物滤池本身结构并不复杂，可完全采用自动化控制，管理简单，也无需大量自控设备和人员技术培训。

⑧ 臭气产生量少，环境质量高。曝气生物滤池面积相对较小，且反冲水池和反冲水贮存池都可加盖埋设地下，因而不会产生很多臭气，更适于周遭环境要求高的地方，如风景旅游区、市区及其周围人群活动多的地方。

虽然曝气生物滤池有诸多优点，但尚存以下缺点：

① 对进水的 SS 要求较高。进水的 SS 不能超过 100mg/L，最优值应低于 60mg/L，如果进水的 SS 过高，则可导致短时间内滤池发生堵塞，产生频繁反冲洗，增加运行费用，给管理带来不便。

② 水头损失较大，水的总提升高度大。曝气生物滤池虽然可以替代二次沉池截留 SS，但容易产生水头损失较大的问题。一般而言，水头损失根据具体情况，每一级为 1~2m，因此水的总提升高度增加。

③ 进水悬浮物较多时，运行周期短，导致频繁的反冲洗。在反冲洗操作中，短时间内水力负荷较大，反冲出水直接回流入初沉池，会对初沉池造成较大的冲击负荷。因此该工艺虽节约了二次沉池，但有必要设一污泥缓冲池，反冲出水一般先流入污泥缓冲池，然后缓慢回流入初沉池，以减轻对初沉池的冲击负荷。

④ 产生的污泥的稳定性不好，难以进一步处理。同步生物除磷的效果并不好，一般多采用化学法，因此增加了药剂的使用量。

⑤ 因设计或运行管理不当还会造成滤料随水流失等问题。

(5) 工艺流程

曝气生物滤池的工艺流程由初次沉淀池、曝气生物滤池、反冲洗水泵和反冲贮水池以及鼓风机等组成，见图 2-10。

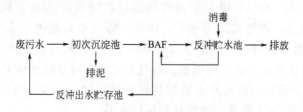

图 2-10　曝气生物滤池系统工艺流程

初次沉淀池的主要功能是将进水中的悬浮固体浓度降低，避免投料层发生过早堵塞，降低曝气生物滤池的 BOD 负荷，节省能耗。若对除磷效果要求不高，在初次沉淀池前可以不用投加混凝剂，否则可以投加铁盐或铝盐混凝剂。

曝气生物滤池的基本结构与矩形重力过滤池相似。沉淀池的出水从池顶进入，水流自上而下通过滤料层，滤料表面有生物膜，生物膜由微生物栖息而成。在废水通过滤料层的同时，池底用气风机向滤料层曝气，空气由滤料的间隙上升，与向下流的废水接触，空气中的氧转移到了废水中，为生物膜上的微生物提供足够的溶解氧和丰富的有机物。最后，在微生物的新陈代谢作用下，有机物被降解。

出水进入反冲贮水池后再外排，在反冲贮水池内贮存一次反冲一格滤池所需的反冲水量，反冲贮水池可兼作加氯消毒的接触池。曝气生物滤池经过一段时间的运行，滤料层中的被截留的悬浮固体和生物污泥越积越多，导致水头损失增大，此时需要对滤层进行反冲洗。反冲洗采用气、水反冲洗的方法，反冲洗出水返回初次沉淀池处理。由于反冲洗的时间很短，反冲水的流量很大，反冲洗排水先进入反冲出水贮存池，再用水泵均匀地抽入初次沉淀池以避免冲击负荷。

陆燕勤等[16]研究 α-改性沸石对钾的吸附性能，分离和提取钾元素。通过静态试验，得到了改性沸石对 K^+ 的吸附容量为 36.13mg/g 沸石，当温度为 25℃ 时，吸附等温线可以用 Freundlich 吸附公式来进行拟合，相关系数 $R^2 > 0.983$。利用 α-改性沸石（化学成分见表 2-5）为介质的 BAF 反应器对糖蜜酒精废液进行提钾的实验研究，结果表明，在温度 25～30℃、进水 COD 浓度 1500～1800mg/L、NH_3-N 浓度 180～210mg/L、钾离子浓度 0.65～0.75g/L、pH 7～9、水力负荷 3.0m³/(m²·d) 和气水比为 3:1 条件下，系统稳定运行，钾的吸附率达 90% 以上，洗脱富钾液中钾（K^+）浓度可达 38g/L。为生态型提钾的工程应用奠定基础。

表 2-5 α-改性沸石化学成分

成分	SiO_2	TiO_2	Al_2O_3	Fe_2O_3	MgO	CaO	K_2O	Na_2O	P_2O_5
含量/%	67.99	0.23	13.25	0.67	0.16	2.92	1.27	2.65	0.013

氨氮与钾共存对沸石吸附效果的影响：准确称取改性沸石（均为 18～30 目）各 20g，投入到装有 100mL 实验室配制溶液（0.1mol/L KCl 溶液、0.1mol/L NH_4Cl 溶液、0.1mol/L KCl + 0.1mol/L NH_4Cl 混合溶液）的 150mL 锥形瓶中，间歇振荡，吸附 24h 后，测定溶液中钾和氨氮浓度，分别计算沸石对氨氮和钾的吸附量。实验结果见表 2-6 及表 2-7。

表 2-6 共存条件对沸石吸附氨氮的影响

水样	溶液中氨氮含量/(mg/L)	吸附率/%
0.1mol/L NH_4Cl 原溶液	1365	—
0.1mol/L NH_4Cl + 沸石	62	95.38
0.1mol/L NH_4Cl + 0.1mol/L KCl	1379	—
0.1mol/L NH_4Cl + 0.1mol/L KCl + 沸石	154	88.83

表 2-7　共存条件对沸石吸附钾的影响

水样	K₂O 含量/(g/L)	吸附率/%
0.1mol/L KCl 原溶液	4.5951	—
0.1mol/L KCl＋沸石	0.23	94.99
0.1mol/L NH₄Cl＋0.1mol/L KCl	4.6542	—
0.1mol/L NH₄Cl＋0.1mol/L KCl＋沸石	0.1932	95.85

沸石对钾的选择吸附性能确保了 BAF 反应器有较好的钾吸附效果，但反应器运行 27d 之后，沸石吸附基本饱和，逐渐失去对钾的选择吸附，出现反应器出水钾浓度迅速上升的情况（超过再生临界值 0.1g/L）。因此确定 BAF 对钾的吸附饱和周期为 27d。

2.3.1.3　活性污泥法

活性污泥法是一种应用相当广泛的废水处理工艺。该法是将活性污泥作为主体，利用好氧菌氧化分解污水中有机物质的污水生物处理技术，其净化过程可分为吸附和吸收、代谢、固液分离三个阶段。这三个阶段的特点如下。

（1）吸附和吸收

废水中悬浮状态的污染物能够优先被吸附在活性污泥的黏质层上，然后有机大分子污染物会被分解成为小分子物质，从而能够被微生物作为营养物质吸收进体内。这一过程是一个快速的初期处理过程，在悬浮状态和胶态有机物较多的废水中能体现得更为明显，往往在 $10 \sim 40 \mathrm{min}$ 内即可将 BOD 下降 $80\% \sim 90\%$。而后，下降速度迅速变缓，甚至会有所上升，其中一个原因是胞外水解酶能够将吸附的非溶解性有机物分解成为具有可溶性的小分子，当这部分小分子重新进入水中时，就导致了 BOD 的上升。另外，活性污泥微生物在此时进入了营养过剩的对数增长期，废水中游离细菌的大量存在也是导致 BOD 上升的一个重要原因。但最终随着反应的持续进行，有机分子的浓度减小，BOD 会缓慢下降。

许多研究者通过对活性污泥的吸附机理的大量研究发现，这个吸附是物理吸附与生物吸附的共同作用，可以用 Freundlich 模型或如下数学式描述。

$$\frac{\mathrm{d}S}{\mathrm{d}x} = kS \tag{2-1}$$

式中　S——废水中底物浓度，用 BOD_5 表示；

　　　x——活性污泥混合液的悬浮固体浓度（MLSS）；

　　　k——一次反应常数或初期除去常数。

（2）有机物分解和菌体合成

吸附在微生物细胞表面的小分子有机污染物能够通过细胞壁被直接摄入到微生物细胞体内，而大分子有机物则通过微生物体外水解酶的作用被分解成小分子后才能被摄入到微生物细胞体内。吸收进入微生物细胞体内的有机污染物大部分可以作为微生物的营养物质，经过一系列的代谢反应而被降解，最终氧化成

CO_2和H_2O，从而使污染物得以除去，另一部分污染物则可以通过剩余污泥的形式被排放而除去。

刘建福等[17]从处理糖蜜酒精废液的UASB反应器颗粒污泥中筛选出优势菌（经鉴定分别为皮杆菌属、棒杆菌属、微小杆菌属、乳杆菌属、纤维单胞菌属、丙酸菌属、红长命菌属），并对优势菌的生态位、代谢产物及降解性能进行了研究。结果显示：

① 优势菌的生态位研究表明，8株优势菌种组成的复合菌群具有很宽的生态位，且在不同生态位空间都有相应的优势菌种，该复合菌群具有生态位的多样性和很强的生态系统稳定性，能够适应糖蜜酒精废液的低pH条件。

② 复合菌群代谢产物研究表明，复合菌群能通过代谢途径来调节最终代谢产物以适应外界条件的变化，并且能够逐渐改变外界环境并使之向复合菌群最佳的生态位空间迁移。该复合菌群具有较强的环境适应和调控能力，可以作为处理高浓度、偏酸性糖蜜酒精废液生物反应器启动和运行调控的优势菌群。

③ 通过复合菌群对糖蜜酒精废液的降解实验，对复合菌群的降解特性及COD、pH、温度等各种生态因子对复合菌群降解性能的影响进行了分析，为该复合菌群的工程应用奠定了基础。

(3) 凝聚和沉淀

部分细菌具备絮凝能力，细菌在其生长过程中会将自身体内的碳源物质释放至废水中，这种碳源具有絮凝能力，能使细菌之间形成絮体。在这个过程中，还能将不易分解的污染物一起絮凝。正常情况下，一般静置0.5h即可完成絮凝和沉淀过程。但要达到完全浓缩则需要更长的时间。

影响活性污泥絮凝与沉淀的因素很多，如：废水性质、水温、pH、溶解氧含量等。另外若絮凝中夹带了生物体，那么出水的BOD和SS将增大，直接影响出水水质和曝气池的工况[18]。

图2-11为传统活性污泥法工艺流程图。其优点是经过活性污泥法处理后的废水中可生物降解的有机质、悬浮物和营养物质含量都很低，其水力停留时间比稳定塘低。因此，活性污泥法占用面积更少。但是投资费用、操作费用和能耗相对较大，且产生的污泥稳定性不足。

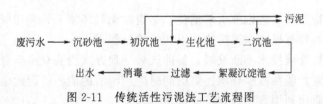

图 2-11　传统活性污泥法工艺流程图

在反应器中，沉降下来的污泥一部分返回反应器，一部分作为剩余污泥排放。剩余污泥的排放量是活性污泥工艺的关键操作参数，它不仅决定了氧气的需求量，而且也决定排放污泥的量和组成。在操作中常把泥龄作为最重要的工艺变量加以控制，泥龄为系统中污泥量与每日排放污泥量之比，以下式表示：

$$R_s = \frac{MX_v}{ME_v} \qquad (2\text{-}2)$$

式中　R_s——泥龄，d；

　　　MX_v——系统中污泥量；

　　　ME_v——每日排出的剩余污泥量。

活性污泥系统中污泥量与泥龄等因素的关系为

$$mX_v = \frac{MX_v}{MS_{ti}} = \frac{(1 - f_{us} - f_{up})(1 + fB_hR_s)Y_aR_s}{1 + B_hR_s} + \frac{R_sf_{up}}{P} \qquad (2\text{-}3)$$

式中　mX_v——系统中污泥量与每日进入系统的 COD 总量之比；

　　　MX_v——系统中的污泥量，以 VSS 计；

　　　MS_{ti}——每日进入系统的 COD 总量；

　　　f_{us}——进液中溶解的 COD 中不可生物降解的 COD 占总 COD 的比例；

　　　f_{up}——进液中不溶解的 COD 中不可生物降解的 COD 占总 COD 的比例；

　　　f——污泥消化后仍具有活性的污泥所占的比例，一般可取 $f=0.2$；

　　　B_h——细菌死亡速率，$B_h=0.24\times1.04^{t-20}$，其中 t 为温度，℃；

　　　Y_a——污泥产率系数，$Y_a=0.45\text{gVSS/gCOD}$；

　　　P——污泥中 COD 与 VSS 的比值，$P=1.5\text{gCOD/gVSS}$。

在活性污泥工艺中，活性污泥的浓度不能直接测出，但可以通过下式计算得出：

$$mX_a = \frac{MX_a}{MS_{ti}} = (1 - f_{us} - f_{up})C_r = \frac{(1 - f_{us} - f_{up})Y_aR_s}{1 + B_hR_s} \qquad (2\text{-}4)$$

式中　C_r——泥龄依赖常数，$C_r = \dfrac{Y_aR_s}{1 + B_hR_s}$；

　　　mX_a——系统中活性污泥量与每日进入系统的 COD 总量之比；

　　　MX_a——系统中活性污泥量。

2.3.2 糖蜜废液厌氧生物处理工艺

厌氧生物处理工艺也称厌氧消化，是指在无氧环境下，利用厌氧微生物的生命活动，将各种有机物或无机物加以转化的过程[19]。

厌氧生物处理技术不断发展，目前厌氧处理方式受到众多学者的青睐，因其可以变废为宝，能在减少环境污染的同时生产清洁的能源。因此已在废水、废物处理及其资源化利用方面得到广泛应用[20]。

(1) 预处理

由于糖蜜废液中含有大量的 SO_4^{2-}，而当 SO_4^{2-} 的浓度大于 800mg/L 时会对产甲烷菌产生抑制作用，因此，若要采用厌氧生物处理糖蜜废液，必须先降低 SO_4^{2-} 的浓度。

顾蕴璇等[21]发现 $FeCl_2$、$FePO_4$、Fe_2O_3、Fe_3O_4 四种铁盐对 SO_4^{2-} 抑制的解除有较好的效果。黄贞岚等[22]用铁屑对糖蜜酒精废液进行预处理后，厌氧反应更稳定，产气量更高。因此首先分析了添加一定量 Fe^{2+} 对糖蜜酒精废液 SO_4^{2-} 去除效果的影响，然后分析了 Fe^{2+} 对 COD 去除率、氧化还原电位（ORP）、pH 值及产气性能等方面的影响，总结产生影响的原因，为我国以糖蜜酒精废液为原料的沼气工程的高效稳定运行提供一定的理论参考。

实验参数如表 2-8 所示，实验装置如图 2-12 所示。菌种与废液原料按体积比 4.4∶1 加入发酵瓶，并加入 NH_4HCO_3 调节 pH 值，然后向发酵瓶中吹入高纯 N_2 以排出其上部的空气，保证反应的厌氧环境。实验期间，反应器置于温度为（35±1）℃的水浴锅中进行批式厌氧发酵，每天手动摇匀反应器 2 次，实验直至无气体产生为止。每天在相同时间对产气量和产气成分进行记录和分析，并取液相分析其中 SO_4^{2-}、COD 及 pH 值，得到 SO_4^{2-} 去除率、COD 去除率及产气量等与时间之间的关系。实验设置处理组和对照组，处理组加入 Fe^{2+}，取 Fe^{2+} 物质的量浓度与发酵液中 SO_4^{2-} 物质的量浓度相同，对照组为未加入 Fe^{2+} 的空白对照组。对照组和处理组均做两组平行实验。

表 2-8　实验参数

参数	数值
$SO_4^{2-}{}_{菌种}$ /（mg/L）	435.65±24
$SO_4^{2-}{}_{废水}$ /（mg/L）	1540±30
$VS_{菌种}$∶$VS_{废水}$	1∶1
$V_{菌种}$∶$V_{废水}$	4.4∶1
$V_{发酵液}$/L	1.8
$FeCl_2 \cdot 4H_2O$/mg	5746±112

根据实验结果，顾蕴璇等[21]得出以下两个结论：

① Fe^{2+} 的添加可以提高 SO_4^{2-} 和 COD 去除率，从而促进糖蜜酒精废液厌氧消化产甲烷。

② Fe^{2+} 的添加使产气量增加的同时缩短了产气周期。处理组累积沼气产量为 475mL/g VS，产气周期为 26 天；对照组累积沼气产量为 386mL/g VS，产气周期为 29 天。

因此，Fe^{2+} 一定程度上能够提高糖蜜酒精废液的处理效果和促进其资源化回收利用。

周祖光[23]将处理后的废醪液放入 UASB 厌氧系统制沼气，COD 去除率为

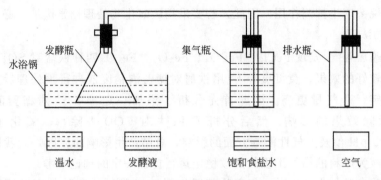

图 2-12 厌氧发酵实验装置

68.1%，出沼液经沉淀池再次沉淀处理，然后转入中转塘进一步处理和贮存，作为农作物有机肥以供农业生产基地使用。沼液中铜、铅、镉和砷等均未检出。表2-9为糖蜜酒精废液前处理结果。

表 2-9　糖蜜酒精废液前处理结果　　　　　　　　单位：mg/L

处理	事项	pH 值	BOD$_5$	COD$_{Cr}$	SS	硫酸盐
UASB	进液	6.27~6.87	1.29×10^4	4.42×10^4	5.7×10^3	2.4×10^3
	出液	7.44~7.52	3.35×10^3	1.41×10^4	2.9×10^3	1.0×10^3
	去除率/%	—	73.7	68.1	49.1	58.3
中转塘	出液	7.48~7.57	1.30×10^2	7.76×10^3	2.3×10^3	6.1×10^2
	去除率/%	—	61.2	45.0	20.1	39.0

(2) 厌氧反应器主要处理工艺

糖蜜酵母废液中含有大量有机物，采用好氧生物法处理能耗大，处理费用高，因此多采用厌氧生物法处理。厌氧生物法处理具有耗能小、有机物分解速率高、可除去高浓度有机物和剩余污泥量少等优点，同时还能产生沼气得以回收部分能源。厌氧反应器主要分为以下几种：①普通厌氧消化池；②厌氧接触消化池；③厌氧填充床反应器；④厌氧流化床或膨胀床；⑤升流式厌氧污泥床反应器；⑥厌氧生物滤池；⑦厌氧折流板反应器等[24]。

升流式厌氧污泥床（Upflow Anaerobic Sludge Blanket，UASB）反应器，是基于微生物固定化原理发展起来的第二代废水厌氧处理反应器。废水由反应器的底部进入，以一定的流速向上流动，由于厌氧过程产生的大量沼气的搅拌作用，废水与污泥充分混合，有机质被吸附分解，所产沼气经由反应器上部三相分离器的集气室排出，含有悬浮污泥的废水进入三相分离器的沉降区，沉淀性能良好的活性污泥经沉降面返回反应器主体部分，从而保证反应器内维持较高浓度污泥，最后含有少量较轻污泥的废水从反应器上方排出[25]。

在高效厌氧处理系统中，UASB被广泛应用于大规模的生产装置上，运行实践表明处理效果优良，经济效益显著。UASB 反应器有其他厌氧工艺不可比拟的优点，可实现污泥颗粒化，固体停留时间长达 100d，气、固、液分离实现一体化，因而具有很高的处理能力和处理效率，适合于糖蜜酒精废液这种高浓度有机废液的处理。

单相 UASB 反应器处理糖蜜酒精废液多用于实验室研究，一般 COD 去除率不高。两相 UASB 反应器根据参与酸性发酵和甲烷发酵的微生物不同，分别在两个反应器内完成上述两个过程，使其各自在最佳环境条件下反应，提高处理效果。

在实际工程中，单独采用 UASB 反应器处理糖蜜酒精废液很难达到排放标准，因此，常与其他工艺联合使用。

传统的二级厌氧-好氧生化处理工艺在常温下经过 74 天启动运行，生化处理工艺达到一个较为稳定的状态。糖蜜酵母废液通过微生物的自调节把废液的 pH 调节到 7.18，废液进入二级 UASB-BCO 生化处理反应器。经过生化系统的处理，UASB 反应器对废液 COD、色度和 SO_4^{2-} 的去除率分别为 65.06%、10.88% 和 20.9%。BCO 反应器对 COD 和色度的去除率分别为 8.53% 和 12.18%。整个生化反应器对废液的处理效率较低，不足以达到废液处理的标准[26]。

李永会[27]针对传统的二级厌氧-好氧处理工艺存在处理效率低的缺陷，对其进行改进。以传统的二级厌氧-好氧（UASB-BCO）生化处理工艺为初次启动反应器，增加了电解预处理及调节池表面曝气工艺，以提升糖蜜酵母废液的可生化性，减轻后续处理的负荷。通过 110 天的运行调试，改进后的处理工艺对废水的处理效果明显增强，并能促进整个生化处理系统的良好运行。糖蜜酵母废液经过电解处理，废液的 BOD_5/COD 由最初的 0.230 提高到 0.409，色度去除率达到了 10%。而表面曝气处理也使废液的 COD 和色度去除率分别达到了 14.5% 和 11.52%。经过改进后的二级厌氧-好氧处理工艺，废液中可生物降解的物质基本被降解完毕，糖蜜酵母废液的 COD 去除率达到了 89.6%，色度去除率达到了 34.56%，SO_4^{2-} 的去除率达到了 60%，说明该工艺具有良好的处理效果。最终的好氧出水经过臭氧深度脱色处理，降低后续处理的难度，以低成本达到排放标准。

高瑞丽[28]采用模拟废水启动运行两级反应器，一级厌氧出水调节 pH 后作为二级 UASB 反应器进水。结果表明，一级厌氧出水中有机酸以乙酸为主，含有少量甲酸、丙酸和丁酸，反应器酸化时，丁酸含量迅速增大，二级厌氧出水基本不含有机酸；一级厌氧消化过程产生的气体中 CO_2 含量达到 75% 左右，甲烷含量仅为 5% 左右；二级 UASB 反应器产生的气体中 CH_4 含量保持在 70%～75% 之间；COD 一级和二级去除率最终分别稳定在 40% 和 90% 左右，一级 UASB 反应器对硫酸根去除效果较好，硫酸根一级去除率超过 80%，出水硫酸根浓度低于 400mg/L，二级厌氧出水硫酸根浓度未超过 200mg/L。朱昱等[29]介绍了高温＋中温两级厌氧消化工艺处理酒精生产过程中所产生的高浓度有机废水，两级厌氧处理对原水中 COD 和 SS 的去除率分别可达 90％和 80％，厌氧消化产气指标达 0.5Nm³ 沼气/kg COD，可产生 30 万～35 万 Nm³/d 的沼气用于外售，且为后续好氧处理的达标排放提供了保障，在达到较好处理效果的同时，也为企业带来了可观的经济效益。

图 2-13 为两级厌氧消化工艺处理高浓度有机废液工艺流程图。

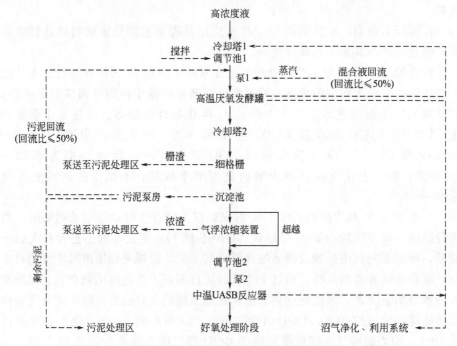

图 2-13　两级厌氧消化工艺处理高浓度有机废液工艺流程

预处理阶段：进厂高浓度有机废液首先进入调节池 1 进行水质、水量的均质和水温的调节，再经泵 1 提升至高温厌氧发酵罐。对进水温度高于 55℃，经冷却塔 1 冷却达到高温发酵所需温度；对进水温度低于 55℃，采用蒸汽加温达到高温发酵所需温度。

高温厌氧处理阶段：废液进入完全混合柱锥形厌氧发酵罐［水温 55℃±(2～3)℃］进行厌氧分解，产生的沼气收集后进入沼气净化、利用系统。经高温厌氧发酵处理后的消化液进入冷却塔 2 迅速冷却，再依次送至细格栅、沉淀池、气浮浓缩装置进行泥水分离，实际运行中可根据出水水质达标情况超越气浮浓缩装置。沉淀池的排泥经污泥泵房以 50％的污泥回流比回流至高温厌氧发酵罐，在高温罐内实现污泥的停留时间（SRT）大于废水的停留时间（HRT），以提高罐内污泥浓度，从而获得更高的处理效率。剩余污泥排至后续污泥处理系统。

中温厌氧处理阶段：气浮浓缩装置出水进入调节池 2，再由泵 2 提升至中温 UASB 反应器 [水温 35℃±(2～3)℃]，经中温厌氧发酵使大部分有机污染物降解。UASB 反应器上部设三相分离器，废水、沼气及污泥上升流至三相分离器完成固、液、气分离，将沼气送至沼气净化、利用系统，出水进入后续好氧处理系统进行进一步处理至达标排放。

陈阳等[30]研究了两级上流式厌氧污泥床（Up-flow Anaerobic Sludge Bed，UASB）反应器处理糖蜜酒精废液的效果。进水 COD 负荷为 28kg/(m³·d) 时，污泥中微生物活性受到一定抑制，反应器运行效果变差，但仍能稳定运行。糖蜜酒精废液经稀释后进入一级 UASB 反应器，一级厌氧出水直接作为二级 UASB 反应器的进水。试验结果表明，经过两级厌氧消化，废水的 COD 和硫酸根总去除率分别稳定在 65% 和 88% 左右，二级厌氧出水 COD 浓度为 9000mg/L 左右，硫酸根浓度为 300mg/L。一级厌氧处理对 COD 和硫酸根的去除贡献较大，去除率分别为 45% 和 70% 左右，产气效果也较好，日产气量达到 35L 左右，甲烷含量 70% 左右。出水硫化物浓度随进水硫酸根浓度增加而升高，最终一级厌氧出水达到 568.8mg/L，二级厌氧出水达到 720mg/L。MPB 电子流所占比重随进水 COD 负荷提升而增大，最大为 85.8%。

(3) 厌氧生物处理过程

有机物的厌氧生物处理过程是一个复杂的生物化学过程。传统观点认为，该过程主要分为两个阶段：产酸阶段和产甲烷阶段。1967 年，Bryant 认为该过程应分为三个阶段，即：水解酸化阶段、产氢产乙酸阶段、产甲烷阶段。直至目前，厌氧生物的处理过程（图 2-14）一般分为四个阶段。

图 2-14 厌氧生物的处理过程

① 水解阶段。在产酸细菌胞外水解酶的作用下，将复杂非溶解性有机物转化成简单的具有溶解性的单体或者二聚体的过程，称为水解阶段。非溶解性有机物的分子量大，不能够透过细胞膜，无法直接被细菌吸收和利用，需在第一阶段被胞外酶分解成小分子有机物，然后才能够溶于水并透过细胞膜被细菌所利用。

② 产酸发酵阶段。发酵是有机物同时作为电子受体与电子供体的生物降解过程。产酸发酵过程中，产酸发酵细胞将溶解性的受体或二聚体有机物转化为挥发性脂肪酸和醇为主的末端产物，同时产生新的细胞物质。这一过程也称为酸化。末端产物主要有甲酸、乙酸、丙酸、丁酸、戊酸、己酸、乳酸等挥发性脂肪

酸和乙醇等醇类，以及二氧化碳、氢气、氨、氮气等。

③ 产氢产乙酸阶段。该阶段是将产酸发酵阶段产生的 2 碳及以上的有机酸（乙酸除外）和醇转化为乙酸、氢气、二氧化碳，并产生新细胞物质的过程。该类细菌称为产氢产乙酸细菌。

④ 产甲烷阶段。该阶段是由严格专性厌氧的产甲烷细菌将乙酸、甲酸、甲醇、甲胺和氢气等转化为二氧化碳和甲烷（沼气）的过程。

(4) 厌氧消化工艺的特点

厌氧消化工艺具有以下优点：

① 相比好氧生化法，微生物代谢合成的污泥较少，能够一步消化，故可降低污泥处理费用；

② 相比好氧生化法，厌氧消化工艺所需的氮、磷等营养物质较少，且不需充氧，故耗电也少；

③ 污染基质降解转化产生的消化气体中含有甲烷，为高能量燃料，可作为能源加以回收利用；

④ 能季节性或间歇性运行，厌氧污泥可以长期存放；

⑤ 可直接处理基质浓度很高的污水或污泥，对许多基质其运行负荷也较高；

⑥ 与好氧生化法相比，厌氧消化法可以在较高温度条件下运行，利用高温进行厌氧消化时，其处理效果会大大提高。

但同时也有以下不足：

① 厌氧污泥增长很慢，故系统启动时间较长；

② 对温度变化比较敏感，温度波动对去除效果影响很大；

③ 往往只能作为预处理工艺来使用，厌氧出水还需进一步处理；

④ 对负荷的变化也较敏感，尤其对可能存在的毒性物质，运行中需特别小心。

针对以上不足，近年来有不少研究者进行方法改进，即用微氧厌氧工艺处理糖蜜酒精废液。

杨永东等[31]选址广西南宁马山酒精厂，利用 EGSB 反应器处理某酒精厂糖蜜酒精废液，原糖蜜废液 COD 浓度为 90000～120000mg/L，pH 值为 3.8～4.0，温度为 80～85℃。调试过程中向反应器内加入培养好的无色硫细菌污泥颗粒，并利用进水曝气带入的少量氧气使其处于微氧状态，共经过 3 个月左右的现场试验。

现场试验使用的 EGSB 反应器容积为 8000m³，调节池容积为 150m³，沉淀池容积为 250m³，氧化塘容积大于 20000m³；接种污泥由含甲烷菌的厌氧污泥和含硫还原菌的污泥混合而成，两类污泥均自行培养。

糖蜜废液处理工艺流程（图 2-15）如下。

① 原废水先流入氧化塘，沉淀糖蜜废液中的黏稠物质，以避免后续进出水

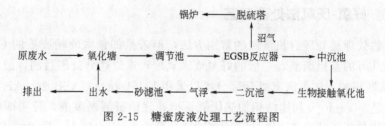

图 2-15　糖蜜废液处理工艺流程图

管道出现堵塞。

②　采用连续进水的方式，使废水经过调节池，利用石灰水和出水回流调节 pH 值，同时在调节池中增加曝气装置，进行适当曝气，使废水携带一定氧气进入厌氧反应器。

③　EGSB 反应器出水再经后续深度处理，最终出水的 COD 浓度小于 200mg/L，满足酒精厂排放标准。

④　达标出水一部分回流到氧化塘和调节池，与原废水混合，从而稀释废水，减少 EGSB 反应器进水浓度，另一部分直接排入河流。

⑤　另外，从 EGSB 反应器顶部出来的沼气先通过脱硫塔，与塔内脱硫剂和烧碱（NaOH）充分混合反应，以降低硫化氢气体含量，并通过涡街流量计测定每天的沼气量，最后沼气进入锅炉燃烧供热。

利用 EGSB 反应器微氧厌氧处理酒精厂糖蜜酒精废液的现场研究结果表明：当进水 pH 值为 7.5、温度为 40℃、COD 浓度为 15000～25000mg/L、SO_4^{2-} 浓度为 1500～2500mg/L 时，出水的 pH 值为 7.0、温度为 33℃、COD 浓度为 3000～4000mg/L、COD 的去除率达 80%～85%、SO_4^{2-} 浓度稳定在 1000mg/L 以内、SO_4^{2-} 的去除率达 60% 以上，同时罐内挥发性脂肪酸（VFA）浓度为 700～900mg/L，且中沉池内能明显看到水中浮现一层黄色单质硫颗粒，系统运行较好。反应器产生的沼气量平均为 4800m³/d，用沼气代替燃煤，每月可节约燃煤 5.6t，节省燃煤费用 5.1 万元。

黄国玲等[32]研究了膨胀颗粒污泥床（EGSB）在微氧厌氧条件下对糖蜜酒精废液的处理效果，确定最佳的氧化还原电位（ORP）、回流比及水力停留时间（HRT）。结果表明，ORP 为 -440mV、回流比为 3∶1、HRT 为 15h 时，微氧条件下 EGSB 生物处理系统的处理效果为最佳。在此条件下，COD、SO_4^{2-} 的去除率分别为 73.4%、61.3%，出水浓度分别为 1600mg/L、185mg/L。

上述工艺利用微氧厌氧来处理糖蜜酒精废液，通过回流液进行曝气以增大溶解氧量，导致 EGSB 反应器处于微氧状态，可使有机物甲烷化、硫酸盐还原、硫化物氧化脱硫在同一反应器进行。更重要的是，好氧菌与兼性菌和厌氧菌等紧密接触，使物质交换更为便利，极大地改善了系统的运行效果，反应器运行更加稳定[33]。

2.3.3 好氧-厌氧法处理工艺

生物处理是处理有机废液的常用方法，但若是如糖蜜酒精废液的 COD 浓度高达十几万的有机废液，一般的好氧或厌氧处理难以达到处理目的，故常采用厌氧-好氧联用的方法。厌氧处理部分可以采用 EGSB 法、UASB 法、AF 法或两相厌氧工艺。Yeoh[34]利用两相加热厌氧系统处理糖蜜酒精废液，证明两相工艺的产气率比单相工艺高 17%，当平均 COD 负荷为 5.1kg/(m³·d) 时，COD 去除率 63.2%，BOD 去除率高达 84.3%。好氧处理部分可采用的方法有曝气法、生物滤池法和氧化塘法。曝气法虽然占地面积较小，但运行费用和能耗较高；生物滤池法设备简单，运行费用低，但占地面积较大，处理时间长，难以处理难降解的有机物；氧化塘的基建成本、能耗和运行费用均较低，但自净效率也低，占地面积大，易污染地下水。

穆军等[35]研究了 UASB-PSB 联用工艺对甜菜糖蜜酒精废液的处理效果，当 COD 负荷从 15.6kg/(m³·d) 升至 61.4kg/(m³·d) 时，酸化水解 COD 去除率从 58.8% 降至 18.0%，BOD 去除率从 75.1% 降至 21.4%，硫酸盐还原率从 91% 降至 36%；而在好氧段，二级 PSB 容积负荷为 4.2kg COD/(m³·d)，COD 的去除率为 79.8%，BOD 去除率为 99%，VFA 去除率为 99.8%，TN 去除率为 19.4%。樊凌雯等[36]采用 UASB-PSB 四级反应槽处理大同糖厂甜菜糖蜜酒精废液，UASB 反应器中 COD 的去除率为 76.62%，累计 COD 去除率达 95.33%，NH_3-N 由 1885mg/L 降至 420mg/L，NH_3-N 去除率达 77.7%。

张敏等[37]采用两相厌氧＋好氧＋气浮工艺对孟加拉 JAMUNA 酒精厂糖蜜酒精废液处理工程技术改造及其特点进行了研究，当进水 COD 为 125g/L、BOD 为 65g/L、NH_3-N 为 1.87g/L、SO_4^{2-} 浓度为 8g/L、一相 UASB 反应器 COD 负荷 56kg/(m³·d)，COD 的去除率 70%～75%；二相 COD 负荷 2.7～3.6kg/(m³·d)，COD 去除率 30%～50%。好氧处理采用活性污泥法，COD 去除率 43.6%。好氧处理出水经气浮处理后，出水 COD 为 1178mg/L。厦门酿酒厂采用两步厌氧法与接触氧化工艺处理酒精废液，产酸相负荷率 75kg COD/(m³·d)、产甲烷相负荷率 14kg COD/(m³·d)、接触氧化塔负荷 1.5kg BOD/(m³·d) 时，厌氧-好氧工艺 COD 总去除率 75% 以上，BOD 总去除率 95% 以上，产气率 42m³/m³（废液）。漳州糖厂也采用两相厌氧＋好氧工艺研究酒精废液，厌氧消化段 COD 负荷 5.9～7.0kg/(m³·d)、COD 去除率 61%～76%、BOD 去除率75%～83%、产气 0.33～0.44m³/kg COD、好氧段 COD 去除率 45%～54%、BOD 去除率 89%～93%、容积负荷 1.0～1.2kg BOD/(m³·d)。

仙游糖厂采用的 UASB 反应器体积 21m³，以厌氧反应器温度 (36±1)℃、进水 COD 浓度 35～45g/L、BOD 浓度 16～21g/L、容积负荷 8～10kg COD/(m³·d) 为条件，对该厂以糖质为原料的酒精废液进行处理。UASB 反应器的 COD

去除率 70%～75%，BOD 去除率 87%～91%，产气率 3.0～3.6m³/(m³·d)，沼气产量 40～50m³/m³ 原废液，含甲烷 60% 左右；经好氧段后 BOD 总去除率 98.2%～98.5%。

好氧-厌氧法处理工艺在处理糖蜜酒精废液的过程中产生的沼气可以用作能源，是废水资源化利用的一种有效方法，但该方法占地面积大、投资成本高、废液难以达标排放，且沼气的收集利用系统也不完善。

2.4 浓缩法及其处理工艺

2.4.1 浓缩法类型及特点

浓缩法可大致分为焚烧法和酒精废液浓缩后综合利用两种处理方法。

(1) 焚烧法

焚烧法的原理是将糖蜜酒精废液浓缩至一定的程度，当热值达到一定水平后，投入焚烧炉中进行焚烧。目前，焚烧法是国外广泛采用的一种糖蜜酒精废液处理方法，其焚烧的途径主要有两种形式。

① 回收热能。糖蜜酒精废液先经过浓缩，再喷入糖厂的锅炉内燃烧。

② 回收热能和钾灰。糖蜜酒精废液先经过浓缩，再使用专用燃烧炉燃烧。

焚烧法具有如下优势：

a. 浓缩液完全燃烧，基本达到零排放。

b. 利用废液燃烧产生的化学反应热产生蒸汽，通过能量梯级利用技术同时获得电能和热能，满足蒸发过程的能量需求。

c. 工艺流程简单，技术成熟。

由于基础物性数据缺乏和重视程度不足等原因，能耗高、能量利用效率低是目前运行的废液浓缩和焚烧装置普遍存在的突出问题。此外，该处理方法还存在设备庞大、固定资产投资高、浓缩液在焚烧过程中易导致炉膛结焦、需要定期停车处理、严重影响锅炉的传热效率和使用效率等缺点。

(2) 酒精废液浓缩后综合利用

此方法被认为是当前处理糖蜜酒精废液较为彻底的一种治理方案。糖蜜酒精废液中含有大量的钾、磷、氨及其他植物生长所需的化学微量元素，若直接灌溉农田可能会板结土壤或酸蚀土壤[38]。为了解决这一问题，日本提出了一种将糖蜜酒精废液中的有机成分转化腐植酸的方法，即将含 COD 1% 以上的糖蜜酒精废液浓缩后制成含 50% 以上有机质的颗粒肥料，而经过曝气处理后的中浓度或低浓度的糖蜜酒精废液则与冷却水混合，并排入河流或海中，此方法实现了糖蜜酒精废液的零排放，治理较为彻底，被英、美等发达国家广泛采用。

糖蜜酒精废液浓缩后再综合利用的途径主要有以下两种：①糖蜜酒精废液首先初步浓缩至75%~85%，然后将浓缩液制成纯干粉或与其他辅料混合制成混合干粉，这些干粉可作为制水泥减水剂、肥料、饲料等的原料或辅料。②糖蜜酒精废液初步浓缩至含固形物60%（60°Bx），或与糖蜜混合用作饲料；或与有机肥混合用作有机复合肥；或直接或与蔗渣按一定比例混合均匀后喷入炉膛，并在1100~1250℃的高温下燃烧，所得的灰渣用作钾肥，回收燃烧产生的热能可用于浓缩酒精废液。

2.4.2 处理工艺及其应用优化

蒸发浓缩的目的是除去糖蜜酒精废液中的水分，将废液从最初的约15°Bx浓缩至约70°Bx。蒸发是通过沸腾使含有不挥发溶质的溶液中的溶剂汽化并被移出，从而使溶质含量提高的单元操作。其工艺流程一般为：糖蜜酒精废液经蒸发浓缩，得到的浓缩液进行后续的焚烧或者再利用，冷凝液回收至酒精生产工段再利用。工艺流程见图2-16。

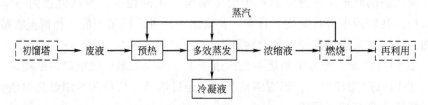

图2-16　蒸发浓缩工艺流程

蒸发按照操作空间的压力可分为加压蒸发、常压蒸发和减压蒸发。按照二次蒸汽的利用情况可以分为单效蒸发和多效蒸发。若将二次蒸汽直接冷凝，而不利用其冷凝热的操作称为单效蒸发。若将二次蒸汽引到下一蒸发器作为加热蒸汽，以利用其冷凝热，这种串联蒸发操作称为多效蒸发。为了降低蒸发过程的能耗和蒸汽的耗量，工业上多采用多效蒸发方案，蒸发浓缩过程多为多效蒸发。

(1) 多效蒸发工作原理及流程

多效蒸发（Multiple Effect Distillation，MED）是由多个蒸发器组成的蒸发系统，其工作原理是将前一效蒸发器产生的二次蒸汽作为后一效蒸发器的加热蒸汽，再将热量传递给该效蒸发器的溶液后冷凝为冷凝水。如此依次进行，便组成了多效蒸发系统。多效蒸发通过再次利用蒸发过程产生的二次蒸汽，提高了热能利用率，降低了对热公用工程的需求，也提高了装置的经济性，其工艺流程见图2-17。需要蒸发的糖蜜酒精废液由第Ⅰ效进入，经第Ⅰ效蒸发浓缩的酒精废液凭借压力差的推动自流进入第Ⅱ效，依此类推，直到酒精废液的浓度达到要求离开多效蒸发系统。生蒸汽由第Ⅰ效加入，将热量传递给第Ⅰ效蒸发器内的酒精废液使其汽化，自身在放出相变潜热后冷凝为水；废液沸腾产生二次蒸汽经气液分离

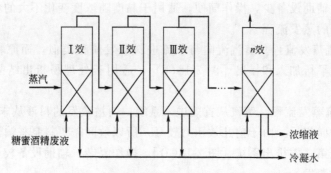

图 2-17　糖蜜酒精废液多效蒸发工艺流程

后送入第Ⅱ效作为热源。后几效均以前一效的二次蒸汽作为加热蒸汽，末效产生的二次蒸汽进入冷凝器进行冷凝。为了给多效蒸发系统提供足够的压力差和温差，同时又降低对生蒸汽的压力要求，通常在末效采用负压操作。在总压差的条件限定下，各效的操作压力根据蒸发过程特性自动分配。因此，接近末效的蒸发器有可能在负压、常压或正压下操作。

在多效蒸发过程中，按照料液与蒸汽相对流向的不同，多效蒸发流程可分为顺流、平流和逆流的蒸发流程，具体的蒸发流程工艺如图 2-18 所示。

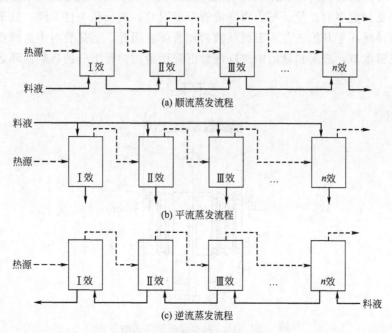

图 2-18　不同的多效蒸发流程工艺

① 顺流蒸发流程。料液和蒸汽都是从同一方向进入系统 ［图 2-18(a)］，由于前后效蒸发器存在压差，料液凭借压差的推动即可自动流入下一效，不需要外

加料液泵，辅助设备少，操作简便，适用于黏度随浓度变化不大的料液，是工业上应用最多的蒸发流程。

②平流蒸发流程。蒸汽流向与顺流进料蒸发流程类似，而原料液和完成液在每效单独平行加入和排出 [图 2-18(b)]，适用于处理易析出结晶料液的蒸发浓缩过程。

③逆流蒸发流程。蒸汽从首效进入系统，而被蒸发的料液从末效进入系统，两者流动方向相反。由于前几效压力较高，所以效间需要料泵来输送料液，最终的浓缩液从第一效排出系统 [图 2-18(c)]，操作复杂，辅助设备较多，适用于高黏度料液的蒸发。

(2) 蒸发器构成及工作原理

蒸发器是多效蒸发的重要单元，糖蜜酒精废液多效蒸发系统各效均使用标准式蒸发器。标准式蒸发器由汽鼓（加热室）、汽室、气液分离装置、上封头、下封头和进出料液装置等结构组成。标准式蒸发器结构如图 2-19 所示。汽鼓的作用相当于换热器，由管板、加热管、中央降液管和外壳组成，结构类似于列管式换热器。汽室位于汽鼓上方，其作用是为酒精废液提供足够的沸腾和气液分离空间。加热室由垂直管束组成，中心有一个直径较大的管子，即为中央降液管。蒸发操作时，加热管内单位体积料液的传热面积大于中央降液管的，致使加热管内料液接受到更多的热量，与中央降液管形成温差；视操作条件不同，处于加热管上部的料液甚至开始汽化而形成气液两相流体。因此，加热管与中央降液管内料液形成密度差，成为料液由中央降液管下降而沿加热管上升的自然循环运动的推

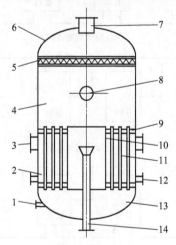

图 2-19 标准式蒸发器结构

1—进液管；2—汽鼓；3—进气口；4—汽室；5—气液分离装置；6—上封头；
7—二次蒸汽出口；8—视镜；9—管板；10—中央降液管；11—加热管；
12—冷凝水排出管；13—下封头；14—浓缩液出口

动力。

蒸发器的工作原理是：加热蒸汽（热源）进入加热室管束的壳程，料液（冷源）从中央循环管进入管程与壳程蒸汽进行换热，料液在加热室内受热沸腾生产二次蒸汽；由于管径的大小分布，导致中央循环管中的气液混合物平均密度大于加热管束中气液混合物的平均密度；在密度差的作用下，液体自中央循环管向下流动，在加热管束中向上流动，进行自然循环的流动；料液汽化产生的二次蒸汽夹带部分液体和雾沫上升至分离装置进行汽液分离，液体经中央循环管回流到加热室，雾沫被除沫器截留后除去，二次蒸汽则进入下一效蒸发器作为热源（多效）或进入冷凝器冷凝（单效或末效），浓缩液从蒸发器底部排出。中央循环管式蒸发器结构紧凑、操作可靠、传热效果稳定。但溶液的循环速度低、传热温差小、传热效率较低。

（3）工艺的优化和改进

随着科学技术的发展和应用，糖蜜废液的多效蒸发浓缩工艺的优化和改进主要可以通过三个方面来实现：①工艺设备；②工艺操作条件；③工艺流程。

韦美姣[39]对糖蜜酒精废液多效蒸发浓缩工艺的物性数据进行了测定，根据测定所得的各效物性数据计算四效蒸发浓缩工艺各效蒸发器的部分蒸发参数，结果如表 2-10 所示。

表 2-10　四效蒸发浓缩工艺各效蒸发参数

项目	Ⅰ效	Ⅱ效	Ⅲ效	Ⅳ效
传热温差/℃	13.73	17.74	20.77	31.81
热负荷/kW	4019.9	3801.5	3546.9	3233.3

对比表 2-10 的数据以及四效蒸发浓缩工艺过程的物性数据可知，四效蒸发浓缩工艺中热负荷最大的是第Ⅰ效，所以在进行糖蜜酒精废液多效蒸发浓缩工艺优化处理时，最有效的方法是提高第Ⅰ效的传热效率，从而有效降低过程能耗。因此在流程设计的过程中第Ⅰ效的蒸发器可以选用传热效率高且适用于高黏度液体蒸发的蒸发器。

因此，韦美姣[39]提出在糖蜜酒精废液的第Ⅰ效蒸发过程中选用横管降膜蒸发器代替目前工业生产中常用的标准式中央循环管式蒸发器，以此来提高第一效蒸发器的蒸发效率，降低多效蒸发浓缩工艺过程的能耗。横管降膜蒸发技术有传热驱动力小、传热效率高以及没有静液柱引起的料液沸点升高等优点，适用于黏度较大、易发泡、不易结晶的物料的蒸发。横管降膜蒸发器的剖面图如图 2-20 所示。

通过 Fluent 的 Mixture 模型，韦美姣[39]对糖蜜酒精废液在横管降膜蒸发器中的蒸发过程进行模拟计算，模拟不同喷淋密度、喷淋高度、管径和管束排布方式对液膜分布情况的影响，其次分析不同喷淋密度、喷淋高度、管径对管壁传热

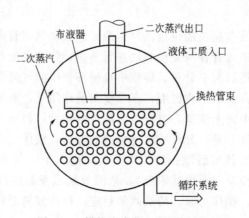

图 2-20　横管降膜蒸发器的剖面图

系数的影响，利用管束模拟得到的传热系数来计算实际操作过程横管降膜蒸发器所需的传热面积，并与实际工厂的数据进行对比。结果表明横管降膜蒸发器与中央循环管式蒸发器处理等量的糖蜜酒精废液时，横管降膜蒸发器所需的传热面积明显小于中央循环管式蒸发器。由此可知，在糖蜜酒精废液多效蒸发浓缩处理工艺中第Ⅰ效蒸发浓缩过程若采用横管降膜蒸发器，能较为有效地降低工艺过程所需的能耗。

　　以广东省某酒精厂日处理量 700 吨糖蜜酒精废液蒸发浓缩装置为例，该厂使用标准式蒸发器串联而成的压力-真空四效蒸发系统。糖蜜酒精废液四效蒸发工艺流程如图 2-21 所示。

　　该酒精废液多效蒸发系统采用顺流蒸发流程，自粗馏塔塔底排出的糖蜜酒精废液进入Ⅰ、Ⅱ效预热器（E0301、E0302）进行加热，其中Ⅰ、Ⅱ效预热器引用部分Ⅱ效蒸发器（E0306）的二次蒸汽进行加热。经过加热后的酒精废液进入Ⅰ效蒸发器（E0303），以生蒸汽作为热源进行蒸发，并产生二次蒸汽作为Ⅱ效蒸发器（E0306）的热源，随后两效均以前一效的二次蒸汽作为热源，Ⅳ效蒸发器（E0308）的二次蒸汽直接进入末效冷凝器。由于采用顺流蒸发流程，酒精废液在压力差的推动下自动流入下一效，依次经Ⅰ～Ⅳ效蒸发器蒸发浓缩后，酒精废液最终被浓缩至约 70°Bx，离开多效蒸发系统进入专用锅炉焚烧。其中，Ⅰ效蒸发器冷凝水作为锅炉用水，Ⅱ～Ⅳ效蒸发器冷凝水泵送至污水处理厂。

　　基于上述广东省某酒精厂日处理量 700 吨糖蜜酒精废液蒸发浓缩装置为例，在保证生蒸汽压力、末效真空度和出末效蒸发器酒精废液锤度不变的前提下，史耀振[40]对原有工厂运行的多效蒸发工艺流程进行改造，根据其前期研究发现，为了找到最佳的设计方案，主要按以下几种情况进行设计：

　　① 考虑冷凝水闪蒸的蒸发方案 1。

　　② 改进酒精废液预热方式的蒸发方案 2。

　　③ 考虑冷凝水闪蒸和改进废液预热方式的蒸发方案 3。

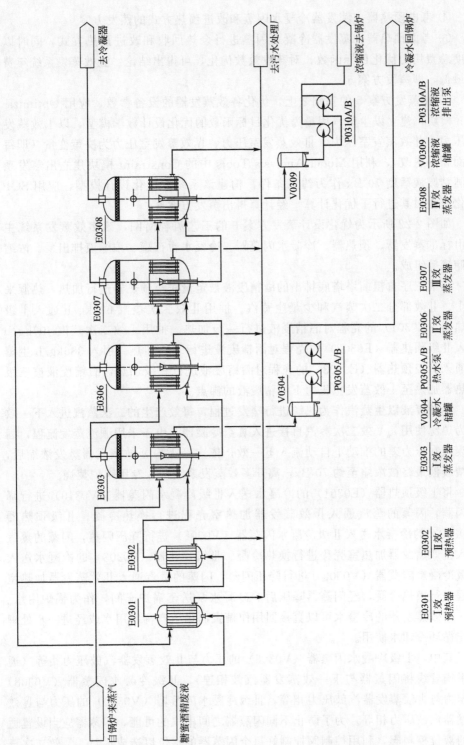

图 2-21 广东省某酒精厂的糖蜜酒精废液四效蒸发工艺流程简图

去冷凝器

去污水处理厂

浓缩液去锅炉

冷凝水回锅炉

P0310A/B

V0309

E0308

E0307

E0306

E0303

E0302

E0301

E0308　IV效　蒸发器

V0309　浓缩液　储罐

P0310A/B　浓缩液　排出泵

E0307　III效　蒸发器

E0306　II效　蒸发器

P0305A/B　热水泵

V0304　冷凝水　储罐

E0303　I效　蒸发器

E0302　II效　预热器

E0301　I效　预热器

自锅炉来蒸汽

糖蜜酒精废液

④ 考虑预热器、蒸发器冷凝水闪蒸和改进预热方式的蒸发方案 4。

⑤ 考虑预热器、蒸发器冷凝水闪蒸进行余热回收和改进预热方式，同时以年度总费用为优化目标函数，对蒸发效数优化，可得出结论：五效蒸发系统年费用最低，即蒸发方案 5。

⑥ 在蒸发方案 5 的基础之上，优化各效蒸发器的设备参数，应用 Optimization 模块，建立以生蒸汽用量为优化目标函数的优化设计数学模型，以 Ⅰ 效蒸发室压力、Ⅱ 效蒸发室压力、Ⅲ 效蒸发室压力、Ⅳ 效蒸发室压力为决策变量（即每效面积的更改），利用 Model Analysis Tools 中的 Constraint 模块建立出蒸发系统酒精废液锤度 70°Bx 作为约束条件，构建该系统的优化设计模型，应用 SQP 优化算法对其进行了优化计算，经计算得出蒸发方案 6。

如图 2-22 所示为优化设计蒸发方案 6 的工艺流程简图，该多效蒸发系统主要由标准蒸发器、预热器、冷凝水闪蒸器、冷凝水暂存罐、浓缩液排出泵、浓缩液储罐等组成。

蒸馏工序自粗馏塔塔底排出的酒精废液被定量送至预热器进行加热，热源来自 Ⅰ、Ⅱ 效部分二次蒸汽和少量生蒸汽。抽用 Ⅱ 效二次蒸汽 680kg/h 通入 Ⅰ 级预热器（E0301）的壳程对酒精废液进行一级加热。抽用 Ⅰ 效二次蒸汽 400kg/h 通入 Ⅱ 级预热器（E0302）的壳程对酒精废液进行二级加热。引入 386kg/h 生蒸汽通入 Ⅲ 级预热器（E0303）的壳程对酒精废液进行三级加热，酒精废液被三级预热器加热至 Ⅰ 效蒸发室压力下酒精废液的沸点。

酒精废液以生蒸汽作为热源进行蒸发过程，每效产生的二次蒸汽进入下一效作为热源使用，Ⅴ 效二次蒸汽直接进入真空冷凝器。由于采用顺流蒸发流程，酒精废液在压力差的推动下自动流入下一效，依次经 Ⅰ～Ⅴ 效蒸发器蒸发浓缩后，酒精废液最终被浓缩至约 70°Bx，离开多效蒸发系统送入专用锅炉焚烧。

将 Ⅰ 级预热器（E0301）的冷凝水送入 Ⅲ 级冷凝水闪蒸器（V0310）进行降压闪蒸，闪蒸的蒸汽通入 Ⅳ 效蒸发器加热室壳程进行换热冷凝。Ⅱ 级预热器（E0302）的冷凝水送入 Ⅱ 级冷凝水闪蒸器（V0308）进行降压闪蒸，闪蒸的蒸汽通入 Ⅲ 效蒸发器加热室壳程进行换热冷凝。Ⅲ 级预热器（E0303）的冷凝水送入 Ⅰ 级冷凝水闪蒸器（V0305）进行降压闪蒸，闪蒸的蒸汽通入 Ⅱ 效蒸发器加热室壳程进行换热冷凝，经闪蒸器降压后的冷凝水泵送至锅炉车间，作为锅炉用水。Ⅱ～Ⅴ 效蒸发器的冷凝水可以直接回用作糖蜜酒精生产稀释用水或经进一步处理后作循环冷却水使用。

其中，Ⅰ 级冷凝水闪蒸器（V0305）的压力与 Ⅱ 效蒸发器汽鼓压力相等（通过平衡管线将闪蒸器与下一效蒸发器汽鼓相连），Ⅱ 级冷凝水闪蒸器（V0308）的压力与 Ⅲ 效蒸发器汽鼓压力相等，Ⅲ 级冷凝水闪蒸器（V0310）的压力与 Ⅳ 效蒸发器汽鼓压力相等。为了防止不同闪蒸器之间串汽的可能，闪蒸器应当设置适宜的液位控制阀，利用控制阀控制好每个闪蒸器的水位以造成水封。Ⅴ 效二次蒸

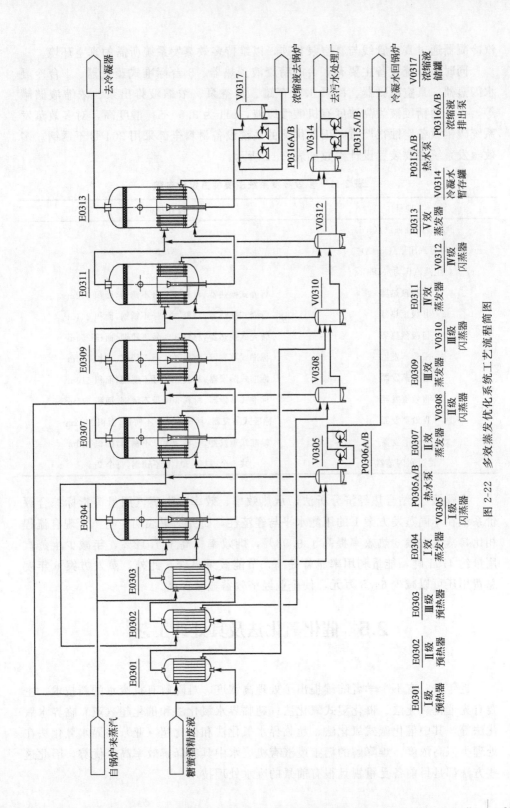

图 2-22 多效蒸发优化系统工艺流程简图

汽冷凝器通过真空管线与真空泵相连,以维持多效蒸发系统所需的真空环境。

同时,系统设备主要有3台酒精废液预热器、5台标准式蒸发器、4台冷凝水闪蒸器、真空冷凝器、冷凝水暂存罐、真空泵、浓缩液排出泵、浓缩液储罐等,由于酒精废液为高浓度有机酸性废液,pH为3.5~5,酸度高,对多效蒸发系统碳钢设备腐蚀很严重,因此优化的系统设备材料全部采用304号不锈钢。多效蒸发系统主要装置设计参数如表2-11所示。

表2-11 多效蒸发系统主要装置设计参数

项目	设计指标
酒精废液处理量/(t/d)	700
生蒸汽用量/(kg/h)	5750
生蒸汽压力/MPa	0.17
Ⅰ级预热器	管壳式换热器,材料304号不锈钢,面积342m²
Ⅱ级预热器	管壳式换热器,材料304号不锈钢,面积241m²
Ⅲ级预热器	管壳式换热器,材料304号不锈钢,面积252m²
Ⅰ效蒸发器	标准式蒸发器,材料304号不锈钢,面积545m²
Ⅱ效蒸发器	标准式蒸发器,材料304号不锈钢,面积510m²
Ⅲ效蒸发器	标准式蒸发器,材料304号不锈钢,面积745m²
Ⅳ效蒸发器	标准式蒸发器,材料304号不锈钢,面积1112m²
Ⅴ效蒸发器	标准式蒸发器,材料304号不锈钢,面积923m²
冷凝水闪蒸器	共5个,材料304号不锈钢,每个2m³

史耀振[40]结合热经济分析法,从热效率、㶲效率、生蒸汽用量等指标综合评价系统在不同蒸发方案下的用能水平与经济性,研究结果表明:与工厂现有流程相比,蒸发方案6热效率提高了9.98%,㶲效率提高了7.12%,年减少生蒸汽用量约4791吨,能量利用率显著提高,节能效果最佳。此外,蒸发方案6年度总费用还可以减少64.5万元,使企业经济效益显著提高。

2.5 催化氧化法及其处理工艺

近年来,有不少学者陆续提出了处理高浓度、难降解有机废水的新技术。主要有光催化氧化法、催化湿式氧化法、超临界水氧化法和催化超(亚)临界水氧化法等。其中催化湿式氧化法、超临界水氧化法和催化超(亚)临界水氧化法在处理类似高浓度、难降解的糖蜜废液有机废水中具有降解效率高等优势,因此这些方法都是目前备受重视且很有前景的废水处理技术。

2.5.1 催化氧化法的类型及特点

(1) 催化湿式氧化法

传统的湿式氧化法（Wet Air Oxidation，WAO）是一种重要的处理有毒、有害、高浓度有机废水的水处理方法。它是在高温、高压条件下，以空气或纯氧为氧化剂，在液相中将废水中有机物氧化分解为无机物或小分子有机物的过程。对于处理高浓度、有毒有害、难生物降解的有机废水的处理比较有效，但其实际推广仍受到限制：①一般要求在高温高压的条件下进行，不但能耗高，而且对设备材料要求也很高，系统的一次性投资大；②即使在很高的温度下，对某些有机物如多氯联苯、小分子羧酸的去除效果也不理想，难以做到完全氧化。

为了降低反应温度和压力，同时提高处理效果，有学者提出了一种使用高效、稳定的催化剂的新技术——催化湿式氧化法（Catalytic Wet Air Oxidation，CWAO）。该技术主要是在传统的湿式氧化处理工艺中加入适宜的催化剂以降低反应所需的温度和压力，提高氧化分解能力，缩短时间，防止设备腐蚀和降低成本[41]。

该氧化技术的显著特点和优势是：对于一些传统氧化技术难以处理的高有机物含量、高毒性的有机废水具有很高的COD_{Cr}去除率，可在较短的时间内直接将废液处理到达标排放，不产生二次污染，且所需处理装置和占地面积大大减小，对大多数的高浓度有机废水来说，总体投资不会因需要耐高温高压的设备而增加，反而会减少，从而降低了湿式氧化法的高温和高压的反应条件，提高了反应效果。该技术具有良好的工业应用前景，技术的关键是研制出高活性、高稳定性且又廉价的催化剂。

同时，催化湿式氧化法也存在一些局限性，比如所需反应时间仍较长，某些难降解废水需处理几小时甚至十几小时才能达到达标排放，而且反应不够彻底，经常会有一些小分子物质或更难降解的中间产物产生，甚至有些小分子物质比原有机物更具有毒害性[42]。

(2) 超临界水氧化法

超临界水氧化（Supercritical Water Oxidation，SCWO）法是利用超临界水作为反应介质来氧化分解有机物，其过程类似于湿式氧化，但前者是在超过水的临界点温度和压力（374.2℃，22.1MPa）下进行。水在达到其临界点时气相和液相之间的界面完全消失，形成一均相体系，这种状态称为水的临界状态。当温度和压力超过水的临界点温度和压力时，水就处于超临界状态，处于超临界状态下的水与常态的水比较在很多方面都发生了变化，如氢键减弱、密度减小、黏度减小、扩散系数增大、介电系数小、对有机物的溶解度增大。

超临界水氧化法（SCWO）与湿式氧化法（WAO）以及传统的焚烧法的比较见表 2-12。从理论上来讲，超临界水氧化技术适用于处理任何含有机污染物的废物：高浓度的有机废液、有机蒸气、有机固体、有机废水、污泥、悬浮有机溶液或吸附了有机物的无机物。超临界水可与氧气和有机物以任意比例互溶，成为均匀的一相，消除了相间传质阻力，加快了反应速率，所以大多有机物在超临界水中可在少至数分钟的时间内达到99.9%以上的去除率。超临界水氧化法充分利用超临界水的一系列性质，因而具有与其他有机废水处理方法无可比拟优势[43]。

表2-12 SCWO 与 WAO 及焚烧法的比较

项目	SCWO	WAO	焚烧法
温度/℃	466~600	150~350	2000~3000
压力/MPa	30~40	2~30	常压
催化剂	不需要	需要	不需要
停留时间/min	小于1	15~120	大于1
去除率/%	大于99.99	75~90	大于99.99
适用性	普遍适用	受限制	普遍适用
排出物	无毒、无色	有毒、有色	含NO_2等
后续处理	不需要	需要	需要

① 反应速度快。由于超临界水能与有机污染物、氧气（空气）以任意比例互溶，消除了相间传质的阻力，从而大大提高了氧化反应的速率和有机污染物去除率，大部分有机物在几分钟内就能完全分解，甚至有些有机物只需几秒、十几秒便可以完全分解，有机物的降解率能达到99.99%以上。

② 反应彻底，不带来二次污染。在超临界水条件下氧化降解有机废水，有机物几乎全部被转化成二氧化碳、水、氮气和无机盐等，而且盐类及金属等无机物在超临界水中溶解度很小，可以固体形式被分离回收，所以避免了有害废气、中间污染物等造成的二次污染问题。

③ 可回收热能。有机污染物在氧化过程中会释放出大量热，只要被处理废水中的有机物浓度为1%~2%就可维持自身氧化反应所需的温度，反应放出的热能有回收利用的价值。

④ 占地面积小。由于反应速率快，反应停留时间短，所以反应器体积小，处理装置的占地面积就小。

⑤ 适用范围广。可以适用于各种有毒物质、废水、废物的处理。

由于超临界水氧化法在高浓度有机废水降解时具有一系列独特的优越性，以至人们已把它当作一种非常有前景的废水处理技术，但在用该技术处理废水时也存在一些不足，该技术要求高温高压，反应条件苛刻，因此对反应器材要求特别高，腐蚀严重。据文献报道，不锈钢、镍基超合金、陶瓷以及贵金属等强抗腐蚀能力的材料在超临界水条件下都存在严重的腐蚀。近年来有研究者提出用钛衬里设备作反应装置，这样虽可延长反应器材的寿命但成本高，且高温高压条件对该技术的产业化不合理，经济效益不合算，易产生故障，安全性不高。

(3) 催化超（亚）临界水氧化法

催化超临界水氧化法（Catalytic Supercritical Water Oxidation，CSCWO）是在 SCWO 中引入适宜的催化剂，通过催化剂来缓和反应条件或缩短反应停留时间，提高反应转化率。

该方法适当降低了超临界水氧化法反应过程中的反应温度和压力，略微减缓了反应体系对反应装置的腐蚀，但该方法仍是在水的临界点之上进行的，因此条件仍相当苛刻，要寻找出在水的超临界条件下高温稳定性能好且催化性能好的催化剂是该方法的困难之处。

催化亚临界水氧化法是在 CSCWO 的基础上再次降低反应体系的温度和压力，使反应在水的亚临界状态下进行，对水的亚临界状态的温度和压力下限目前尚无明确规定，有人将水处于 $200 \sim 374\,^{\circ}\mathrm{C}$、$10 \sim 22\mathrm{MPa}$ 时的状态称为水的亚临界状态。

该方法既吸取了催化超临界水氧化法的优点，又进一步缓解了反应条件对反应装置的腐蚀，且在水的亚临界条件下研制高效稳定的催化剂要比在超临界条件下容易[44]。

2.5.2 催化湿式氧化法

催化湿式氧化技术研究的"热点"就是如何制备出催化性能和稳定性能均优良的廉价催化剂。近年来，学者们对催化湿式氧化催化剂的研究越来越多，目前应用于 WAO 的催化剂主要包括过渡金属及其氧化物、复合物和盐类。

(1) 影响催化剂性能的因素

根据所用催化剂的状态，可将催化剂分为均相催化剂与非均相催化剂两类。均相催化剂与反应物处于同一物相之中。非均相催化剂多为固体，与反应物处于不同的物相之中。但在均相催化湿式氧化系统中，催化剂混溶于废水中。为避免催化剂流失所造成的经济损失以及对环境的二次污染，需进行后续处理以便从出水中回收催化剂，流程较为复杂，提高了废水处理的成本。而使用非均相催化剂时，催化剂以固态存在，催化剂与废水的分离比较简便，可使处理流程大大简化。

在催化剂活性方面，为了减少成本，主要选择过渡金属和稀土金属元素，主要考虑催化剂的催化活性及其稳定性。对于催化剂载体的选择也是从活性及稳定性两方面进行考虑。从物理性质的角度来看，表面积和孔体积大的物质（如活性炭）作载体有利于提高金属相与反应物的接触面积，但其缺点是在高温下往往稳定性较差；而有些载体（如 TiO_2，Al_2O_3），表面积小，但热稳定性高。Al_2O_3

是使用较多的催化剂载体，但用通常方法制备的 γ-Al_2O_3 类似于无定形或胶状结构，颗粒和孔径大小不均匀。新的研究表明：在微波条件下合成的 γ-Al_2O_3 颗粒均匀，具有相对均一的孔分布、较大的表面积及较弱的表面酸性，其热稳定性也比通常条件下制备的 γ-Al_2O_3 高，更适合作催化剂载体。

催化剂的制备方法是催化剂问题中又一个十分重要的方面，但近年来对此方面的研究不多，传统的方法是"浸渍法"和"共沉淀法"。对于有载体的催化剂主要用浸渍法制备，即用所需金属组分的金属盐类（硝酸盐或碳酸盐）按一定比例配制后制成溶液，浸渍催化剂载体［即微波条件下制备的结晶 γ-Al_2O_3（60 目）］，然后烘干，再在一定温度下焙烧。对于无需载体的复合催化剂，主要采用共沉淀法制备，选用一定浓度的 $(NH_4)_2CO_4$ 作为沉淀剂，沉淀所需组分的金属盐类，然后将所得沉淀老化、抽滤、洗涤、烘干，再在一定温度下焙烧，即得所需催化剂。制备不同系列的催化剂往往采用不同的方法，视情况而定。

（2）催化剂性能评价

催化剂性能评价是在如图 2-23 所示的湿式催化氧化实验装置中进行的。其中评价催化剂的催化活性及稳定性的主要指标有在一定温度下反应一段时间后糖蜜酒精废液 COD_{Cr} 的去除率、催化剂活性组分溶出量及反应后出水 pH 的大小，并以此作为催化剂制备的初步优化条件。

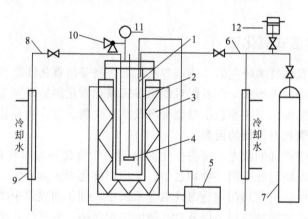

图 2-23　湿式催化氧化实验装置

1—热电偶；2—高压釜体；3—加热外套；4—搅拌器；5—温控仪；6—气样管；
7—氧气瓶；8—水样管；9—冷却器；10—安全阀；11—压力表；12—高压柱塞泵

湿式催化氧化实验主要步骤有：

① 先在反应釜中加入一定体积的蒸馏水和一定量的催化剂，然后将釜盖按固定位置小心放在釜体上，将螺母对号入座，拧在螺杆上，用扭力扳手按对称位置多次拧紧至扭力矩达 100N·m。

② 用高压管线把氧气瓶连接到气相阀，充入一定量的氧气之后，装好搅拌

器和热电偶，接上冷却水，在气密性良好状态下打开电源，调节电压，开始加热。

③ 将气相阀接上柱塞泵止回阀，连接好反应釜，预先使进样管路内充满水样，之后开动搅拌器。当反应釜内温度达到反应要求温度时，往釜内打入一定量的浓缩废水样。

④ 记录反应过程的温度、压力及反应时间等数据。

⑤ 反应终了，停止加热，搅拌，打开液相阀取样。

⑥ 待所取样静止澄清后，取上清液用重铬酸钾法测 COD_{Cr}，计算去除率，再用水质分析仪测金属离子的溶出量和反应后出水 pH。

⑦ 反应釜冷却至室温后，关闭冷却水，小心打开釜盖，清洗反应釜。

(3) 处理过程中的主要影响因素

催化湿式氧化法处理工业有机废水是一个较为复杂的工艺过程，其影响因素也很多，目前国内外有关学者在这方面做了大量的研究工作，取得了一定成果。本小节以 600℃下焙烧制得的 Fe-Mn/γ-Al$_2$O$_3$（3∶1∶1，摩尔比）为催化剂，分析反应温度、初始氧气分压、反应时间及催化剂投加量四个影响因素对糖蜜酒精废液 COD_{Cr} 去除率的影响。

① 反应温度的影响。温度对于湿式催化氧化过程是至关重要的因素，其直接影响到速率常数的大小。另据文献报道：当温度＞150℃时，废水中的溶解氧浓度随着温度升高而增大，氧在水中的传质系数也随温度升高而增大。同时，温度升高还可以减少液体黏度和增加氧气向液体中的传质速率，加快反应速率，提高催化剂的活性。在其他条件一定的情况下（氧气分压 $p_{O_2} = 4.0$MPa，反应时间 $t = 30$min，废水 $COD_{Cr} = 10.19$ 万 mg/L，催化剂投加量 10g/L），选用 Fe-Mn/γ-Al$_2$O$_3$（3∶1∶1）催化剂在不同温度下进行催化湿式氧化，各温度下的实验结果列于表 2-13，废水 COD_{Cr} 的去除率随反应温度的变化曲线如图 2-24 所示。

表 2-13　Fe-Mn/γ-Al$_2$O$_3$（3∶1∶1）催化剂在不同温度下的处理效果

温度 /℃	COD_{Cr} 去除率 /%	Fe 离子溶出量 /(mg/L)	Mn 离子溶出量 /(mg/L)	出水 pH
250	93.71	0.57	1.50	7.72
260	94.89	0.42	1.20	7.74
270	96.42	0.30	0.90	7.80
280	97.46	0.16	0.10	7.82
290	98.55	0.06	0.75	7.79
300	99.32	0.12	0.60	7.80

由图 2-24 的变化曲线可以看出，温度越高，废水中有机物被氧化越完全，

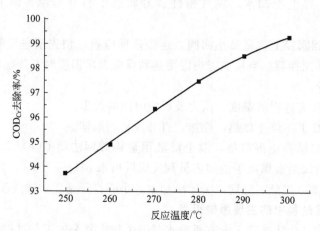

图 2-24　COD_{Cr}去除率随反应温度的变化曲线

COD_{Cr}去除率就越高。但也不能一味地提高温度，因为温度越高，反应的压力就越大，动力消耗就越大，腐蚀越严重，相应对反应釜的耐温耐压性能要求也就越高。

② 初始氧气分压的影响。充足的氧气分压是保证催化氧化过程中有机物分解的必要条件，氧气分压（氧压）在一定范围内对氧化速率有直接影响，它提供了反应所需的氧气，并推动氧气向液相的传质。一般来说，为了加快有机物的氧化分解速率且能够保证反应在液相中进行，所选压力值应高于该温度下水的饱和蒸气压。氧压越大，反应速率即有机物降解速率越快，但当氧压增加到一定值时，反应速率的增加将不显著。在其他条件一定 [反应温度 $T = 280\,℃$，反应时间 $t = 30\,min$，Fe-Mn/γ-Al_2O_3（3∶1∶1），催化剂投加量为 $10\,mg/L$，反应前 $COD_{Cr} = 10.19$ 万 mg/L，pH＝8.03] 的情况下，改变初始氧压，进行实验，结果如表 2-14 所示。

表 2-14　氧压对糖蜜酒精废液处理效果影响

氧压 p_{O_2} /MPa	COD_{Cr}去除率 /%	Fe 离子溶出量 /(mg/L)	Mn 离子溶出量 /(mg/L)	出水 pH
1.0	90.18	0.36	1.50	7.42
2.0	92.85	0.27	1.80	7.51
3.0	96.95	0.15	1.14	7.58
4.0	97.46	0.16	0.10	7.82
5.0	97.57	0.12	0.85	7.84
6.0	97.62	0.09	1.20	7.64

由表 2-14 中数据和图 2-25 的变化曲线可以看出：随着氧压的增加，COD_{Cr} 的去除率增加，而金属离子的溶出量变化规律不明显，但当氧压增加到 4.0MPa 后（即当实际供氧量是理论需氧量的 3.4～4.6 倍时），再继续提高氧压，COD_{Cr} 去除率的变化不再显著。从降低投资及操作费用角度考虑，采用初始氧压为 4.0MPa 较为合适。

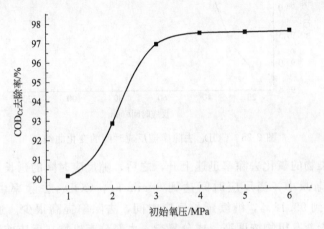

图 2-25　COD_{Cr} 去除率随氧压的变化曲线

③ 反应时间的影响。催化湿式氧化中，在其他条件一定的情况下，反应时间的长短直接影响着 COD_{Cr} 的去除率。在固定反应温度为 280℃、初始氧压为 4.0MPa、催化剂投加量为 10g/L、废液初始 COD_{Cr}＝10.19 万 mg/L 的情况下，改变反应时间，所得实验结果列于表 2-15，废水 COD_{Cr} 去除率随反应时间的变化曲线如图 2-26 所示。

表 2-15　反应时间对糖蜜酒精废液处理效果的影响

反应时间 t /min	COD_{Cr} 去除率 /%	Fe 离子溶出量 /(mg/L)	Mn 离子溶出量 /(mg/L)	出水 pH
20	96.89	0.27	0.97	7.61
30	97.46	0.16	0.10	7.82
40	98.49	0.6	0.06	7.79
60	99.18	0.20	0.08	7.83
80	99.34	0.15	0.12	7.81
100	99.42	0.12	1.50	7.90
120	99.51	0.09	0.90	7.92

从表 2-15 中数据和图 2-26 曲线变化可以看到，在整个氧化过程中，该废水中有机物的降解氧化速率随时间的增加先快后慢。反应开始阶段，随时间的延

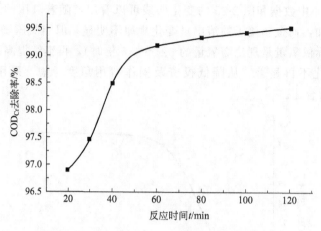

图 2-26　COD_{Cr} 去除率随反应时间的变化曲线

长，有机污染物的氧化去除率迅速上升，之后，随反应时间的延长，氧化去除率提高幅度逐渐减小，当反应时间达到 60min 时，COD_{Cr} 去除率由 20min 时的 96.89% 增加到 99.18%，继续延长反应时间，去除率提高很少。这主要是因为该糖蜜酒精废液有机物浓度高，成分复杂，大部分有机物在反应前阶段就可被氧化分解，有很快的反应速度，但随着反应停留时间的延长，剩余小部分有机物及氧化过程中产生的部分中间产物较难氧化分解，若再进一步氧化则需要更苛刻的反应条件。根据图 2-26，实际试验将反应时间定为 60min 为宜。

④ 催化剂投加量。在反应温度 $T=280℃$、初始氧压 $p_{O_2}=4.0MPa$、反应时间 $t=30min$、反应前 $COD_{Cr}=1.019×10^5 mg/L$、pH＝8.03 的条件下，改变催化剂 Fe-Mn/γ-Al_2O_3（3∶1∶1）的投加量，对糖蜜酒精废液进行催化氧化，处理结果如表 2-16 和图 2-27 所示。

表 2-16　催化剂投加量对糖蜜酒精废液处理效果的影响

催化剂投加量 /(g/L)	COD_{Cr}去除率 /%	Fe 离子溶出量 /(mg/L)	Mn 离子溶出量 /(mg/L)	出水 pH
0	92.97	0	0	7.12
2.5	96.05	0.06	0.15	7.45
5.0	97.22	0.08	0.22	7.68
10	97.46	0.16	0.10	7.82
15	97.42	0.20	0.62	7.86
20	97.50	0.24	0.90	7.9

从表 2-16 和图 2-27 可以看出，增加催化剂的投加量会提高 COD_{Cr} 的去除率，但同时也增加了金属离子的溶出量，当催化剂投加量大于 10g/L 时，

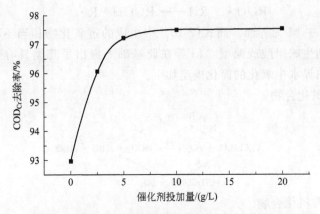

图 2-27 COD$_{Cr}$去除率随催化剂投加量的变化曲线

COD$_{Cr}$的去除率几乎没有提高。为了减少金属离子溶出量，催化剂的投加量以 10g/L 为佳。

2.5.3 超临界水氧化法

(1) 反应路径和机理

超临界水氧化技术的早期研究一般不涉及氧化机理的研究，后来氧化反应路径的反应机理才逐渐成为人们所关注的问题。影响反应机理的因素有很多，而超临界水的一系列特殊性质又使反应机理的研究增加了难度。在超临界水中，有机物可发生氧化反应、水解反应、热解反应、脱水反应等。而有无催化剂、催化剂类型、不同反应条件下水的性质都对反应机理有较大影响。许多研究者认为决定有机物超临界水氧化反应速率的往往是其不完全氧化生成的小分子化合物（一氧化碳、醋酸、氨、甲醇等）的进一步氧化。$CO + 1/2O_2 \longrightarrow CO_2$ 被认为是有机物转化为 CO_2 的速率控制步骤。而后期的深入研究发现许多有机物所生成的二氧化碳并非完全由一氧化碳转化而成。许多有机物在氧化过程中一氧化碳的浓度并不存在一最大值也有力地证明了这一点。氨因其稳定性较好被一些学者认为是有机氮转化的控制步骤。

比较典型的超临界水氧化机理是 Li 等在湿式空气氧化、气相氧化的基础上提出的自由基反应机理，认为在没有引发物的情况下自由基由氧气攻击最弱的 C—H 键而产生[45]，机理如下：

$$RH + O_2 \longrightarrow R \cdot + HO_2 \cdot \tag{2-5}$$

$$RH + HO_2 \cdot \longrightarrow R \cdot + H_2O_2 \tag{2-6}$$

$$H_2O_2 + M \longrightarrow 2HO \cdot \tag{2-7}$$

$$HO \cdot + RH \longrightarrow R \cdot + H_2O \tag{2-8}$$

$$R \cdot + O_2 \longrightarrow ROO \cdot \tag{2-9}$$

$$ROO\cdot + RH \longrightarrow ROOH + R\cdot \tag{2-10}$$

式(2-7) 中 M 为界面。而式(2-10) 中生成的过氧化物相当不稳定，它可进一步断裂直到生成甲酸或醋酸。Li 等在此基础上提出了几类具有代表性的有机污染物在超临界水中氧化的简化模型如下。

① 氯有机化合物

$$C_mCl_sH_nO_r + pO_2 \begin{array}{c} \xrightarrow{k_1} qCH_3Cl + pO_2 \xrightarrow{k_5} \\ \xrightarrow{k_4} mCO_2 + sHCl + xH_2O \\ \xrightarrow{k_2} qCH_3COOH + qO_2 \xrightarrow{k_3} \end{array}$$

② 含氮有机化合物

$$C_mN_oH_nO_r + pO_2 \begin{array}{c} \xrightarrow{k_4} sNH_3 + O_2 \xrightarrow{k_5} \\ \xrightarrow{k_1} yN_2 + mCO_2 + xH_2O \\ \xrightarrow{k_2} qCH_3COOH + qO_2 \xrightarrow{k_3} \end{array}$$

③ 烃类和含氧烃

$$2C_mH_nO_r + 2pO_2 \begin{array}{c} \xrightarrow{k_1} 2mCO_2 + nH_2O \\ \xrightarrow{k_2} qCH_3COOH + O_2 \xrightarrow{k_3} \end{array}$$

综上所述，Li 等认为醋酸和氨为有机物在超临界水中氧化的典型中间产物，因其难以氧化，因而认为它们是有机物转化成二氧化碳和氮气的控制步骤。Li 等[45] 所提出的有机物氧化反应路径自由基反应机理对某些反应的解释是较成功的。Crain 等[46] 在吡啶氧化实验中发现：除小分子羧酸、氨外，没有其他类型的有机物存在。Devlin、Harris[47] 和 Joglekar 等[48] 在苯酚湿式氧化实验中，也只检测到开环产物及分子羧酸类有机物，其中，羧酸类有机物大量存在。但芳香类等复杂有机物在超临界水中氧化所得到的结果却有所不同，在这些实验中，反应只检测到少量的羧酸类物质或没有这类物质存在，却有较大量的二聚物或其他类型有机物存在。

由以上分析可知，Li 等所提出的有机物氧化反应路径及机理对简单有机物在超临界水中氧化及有机物的湿式空气氧化是适用的；但它们却不能解释所有芳香烃类有机物在超临界水中氧化过程中的氧化。这可能是由于目前尚未清楚的超临界水的结构和超临界水的一系列特殊性质影响所引起的。

迄今为止，对有机物在超临界水中氧化反应机理的研究一般集中在较简单的有机物氧化反应模型的建立上。这是因为复杂有机物的氧化是经过反应中间产物氧化成产物的。显然，对常见的一些反应中间产物的氧化进行模拟，将会为复杂有机物的氧化提供重要信息。

（2）实验装置及步骤流程

超临界水氧化降解有机物的实验是在高温、高压下进行的，超临界水氧化实验装置见图 2-28。实验的方案是采用先把水、氧气加热到超临界状态后，再打入废液，使废液在超临界状态下进行反应的实验方案。废液经过中和、絮凝处理后，浓缩到原来体积的 50% 左右，然后和反应釜中先加入的水混合到原来体积，混合后的浓度基本与原液一致。

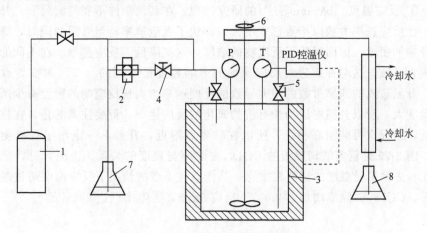

图 2-28　超临界水氧化实验装置

1—高压氧气罐；2—高压柱塞泵；3—反应器；4—气相阀；5—液相阀；
6—搅拌器；7—浓缩水样；8—收集器

浓缩的方法如下：使用旋转蒸发仪，在 600℃、0.09MPa 的真空度条件下对样品进行浓缩。经计算，废液在浓缩前后的 COD_{Cr} 总量基本不变。

其中，装置的气密性关系到实验的成功与否，所以实验前必须对反应釜的气密性进行检查。方法是按仪器的安装要求，把反应釜装好以后，往反应釜里充氧至 10MPa，然后用肥皂水检查各连接部件，观察连接处是否会冒气泡。密封性能良好的装置才能用于实验，大致实验步骤如下。

① 先在反应釜中加入一定体积的蒸馏水，然后将釜盖按釜体的固定位置小心地放在釜体上，将螺母对号入座，拧在螺杆上，用扭力扳手按对角对称多次拧紧至扭力力矩达 150N·m。

② 把连接氧气瓶的高压管线接到反应釜的气相阀，关上液相阀，然后开氧气钢瓶阀门，充氧至需要的压力，关闭所有的阀门。连接上搅拌器、热电偶，接上冷却水，接上加热的电源，开始加热。

③ 气相阀接上柱塞泵止回阀，连接好反应釜，开动柱塞泵 1min 左右使泵流量稳定，当反应釜里的水达到反应要求温度时，开动搅拌器，往反应釜里打入浓缩的废水样。

④ 记录反应过程的温度、压力、反应时间等数据。

⑤ 反应终了，停止加热和搅拌，打开液相阀采样，进行样品分析。

⑥ 反应釜冷却至室温后，关掉冷却水，小心地打开釜盖，清洗反应釜。

(3) 反应过程的影响因素

有机污染物在超临界水中的氧化降解受反应温度、反应压力和水密度、反应时间、氧化剂浓度等因素的影响，各种影响因素对有机污染物在超临界水中氧化降解的影响规律分述如下。

① 反应温度。Savage 等[49]的研究发现：在其他条件不变的情况下，升高温度，比反应速率常数以指数形式增大，加快了反应速率；但升温的同时，降低了反应物的密度，因而降低了反应物的浓度，这又降低了反应速率。在不同的温度及压力区域，这两种效应对反应速率的影响程度是不同的。在远离临界点的区域，升温造成的速率常数的增大导致的反应速率增大比反应物的密度减少所减少的程度大，所以升温可以加快有机物氧化的反应速率；但要注意的是，在临界点附近，情况有可能刚好相反，所以在临界点附近，升温不一定利于有机物的氧化。图 2-29 是糖蜜酒精废液的 COD_{Cr} 去除率与温度的关系。由图可见，废液的 COD_{Cr} 去除率受温度的影响较敏感，其他条件不变的情况下反应温度超过超临界点后，COD_{Cr} 去除率增加，400℃下反应 5min，去除率可达 99% 以上。

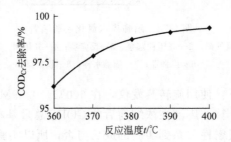

图 2-29　糖蜜酒精废液 COD_{Cr} 去除率与温度的关系

② 反应压力和水密度。压力变化和水密度的变化是密切相关的。水密度随压力的变化而变化，这将引起反应物浓度的变化，从而影响反应速率。早期的研究者所得的压力对反应速率的影响实际上是压力和水密度对反应速率影响的耦合，在这些研究中发现：a. 当反应速率方程中反应物的反应级数为正数时，由于升高压力而导致水密度的增加，使反应物浓度升高，从而加快反应速率。但水的反应级数较难确定，这是因为在大多数动力学研究中，水约占混合物的 99% 以上，所以难以在其他条件不变的情况下改变水的密度。因为在临界温度附近，水密度对压力有较大的依赖性，所以 Savage 等[49]通过在临界温度（3800℃）附近改变压力来研究水密度的影响。他们报道的苯酚和 2-氯苯酚氧化实验中，水的反应级数分别为 0.7 和 0.34，反应速率随着水密度的增大而增大。b. 水分子可在溶质分子周围形成溶剂簇，降低溶质分子在溶剂中的扩散速率，当水密度较

高，该效应较大，可能产生某些特定的反应机理。Holgate 和 Tester[50] 对氢气和一氧化碳在超临界水中的氧化进行了研究。他们通过考察压力对单分子基元反应的影响来解释压力对反应动力学的影响，水密度对反应的影响可归结为一些与压力有关的参数的变化，如介电常数等。

③ 反应时间。在其他条件不变的情况下，随着反应时间的增加，有机物的转化率增大，中间产物的含量降低，最终产物的生成率增大。而当反应时间足够长时，随着反应的进行反应物的浓度逐渐降低，使得反应速率降低，有机物的转化率随停留时间的增加也变得缓慢。

④ 氧化剂浓度。大多数超临界水氧化反应是采用氧气或空气作氧化剂。也有采用过氧化氢、高锰酸钾或混合氧化剂的。氧化剂在有机物氧化反应速率方程中的反应级数一般为正值，所以增大氧化剂浓度，有机物的转化率增大。但对不同的有机物其影响是不同的。在甲烷催化超临界水氧化转化为甲醇的实验中发现，随氧气分压增加，甲烷转化率先增大后减少。在多数情况下，增大氧化剂的浓度，有机物的转化率提高。但并非氧化剂的量越大越好，当氧化剂过量至一定程度时，再增加氧化剂的量对有机物转化率的提高作用就很小了，同时，在工艺上不仅增加了压缩机和高压泵的能耗，并且增加了氧化剂的消耗和后续处理的负担。所以选择合适的氧化剂进料量对工业应用是很重要的。

2.5.4 催化超（亚）临界水氧化法

(1) 预处理

由于糖蜜酒精废液是一种酸性强、固形物含量高的酸性有机废液，若直接对其进行催化氧化处理，整个反应过程都处于酸性环境中，将会严重腐蚀反应的仪器设备，大量固形物的存在有可能引起反应设备的管道堵塞。因此，在进行催化超（亚）临界水氧化处理前先进行中和-絮凝预处理是很重要的。

中和-絮凝处理主要分两步进行，首先调节废液的酸度，然后用高分子絮凝剂将废液进行絮凝处理。

① 用 CaO 配制成饱和石灰乳中和废液，将废液 pH 值调至 8.00 左右。由于原废液中含有一定量的 SO_4^{2-}，所以饱和石灰乳不但能起到中和废水的作用，而且能将 SO_4^{2-} 沉淀下来。

② 分别取调节好酸度的废液 100mL 置于 500mL 的烧杯中，加入事先用蒸馏水配制好的絮凝剂溶液，用磁力搅拌仪搅拌，使之充分混合，然后倒入 100mL 的量筒中静置絮凝，观察其现象，最后取样测定其 COD_{cr} 值。

(2) 催化剂的制备

催化剂一般分为单一催化剂和复合型催化剂，以固相催化剂的制备为例。最常用的方法有两种：沉淀法和浸渍法。沉淀法是把碱类物质（沉淀剂）加入金属盐类的水溶液中，然后将生成的沉淀物洗涤、过滤、干燥和焙烧，制造出所需要的催化剂的前驱物。

浸渍法是基于活性组分（包括助催化剂）以盐溶液的形态浸渍到多孔性载体上，并渗透到内表面；经干燥后，水分蒸发逸出，活性组分的盐类遗留在载体内外表面上，这些金属或金属氧化物的盐类均匀地分布在载体的细孔里，经加热后，即得高度分散的载体催化剂。该方法具有工艺简单、催化剂活性组分利用率高、用量少、成本低等优点。浸渍法中常用的催化剂载体有：氧化铝、氧化硅、活性炭、硅藻土、硅酸铝等。以下以主要通过浸渍法制备各类非贵金属氧化物催化剂为例进行介绍。

① 单组分催化剂的制备流程：

a. 配制含有单一金属离子的盐溶液；

b. 将载体缓慢加入配制好的盐溶液中浸渍；

c. 在一定的恒温水浴锅中静置老化一段时间；

d. 待浸渍液的水分基本蒸发完全后在特定的恒温干燥箱中干燥；

e. 将干燥好的固体物置于马弗炉中在一定温度下焙烧。

② 复合催化剂的制备流程。复合催化剂是指所制备的催化剂中含有两种或多种具有催化活性的组分。因此在配制过程中所需的浸渍液是同时用两种或多种金属盐配制而成的，其他制作方法和单组分催化剂的制备相同。

(3) 催化剂的性能评价

以在一定温度下反应一段时间后糖蜜酒精废液 COD_{Cr} 的去除率、催化剂活性组分溶出量来评价催化剂的催化活性及稳定性，并以此作为催化剂制备的初步优化条件。实验装置与实验步骤类似于催化湿式氧化法，见 2.5.2 中（2）所述，这里就不再赘述。

(4) 催化超（亚）临界水氧化的实验步骤

催化剂在实验前先和水一起加入反应釜，待釜体的水达到超（亚）临界状态后，打入浓缩样品，进行反应。其他同 2.5.3 中（2）。

(5) 反应过程中的影响因素

糖蜜酒精废液是一种高浓度的有机废水，其成分非常复杂，在催化氧化降解过程中反应机理也相当复杂，所以在研究过程中为简便起见直接以水样的 COD_{Cr} 值、产物的 COD_{Cr} 值以及氧化过程中水样 COD_{Cr} 的去除率来作为有机物氧化降解的衡量标准。目前国内外已经有很多学者对高浓度有机废水催化氧化降解的影响因素进行了深入的研究，据文献报道，在废水的催化氧化过程中影响其有机物 COD_{Cr} 去除率的主要因素有：催化剂、反应温度、反应停留时间、氧气分压以及初始有机物的 COD_{Cr} 大小等。本小节以在优选出的 $CuO/MnO_2/\gamma\text{-}Al_2O_3$ 基础上，分别分析反应温度、氧气分压、反应停留时间、催化剂的用量等因素对糖蜜酒精废液催化氧化降解的影响。

① 反应温度的影响。温度是废水氧化过程中非常重要的因素，很多研究表

明，反应温度是氧化系统处理效果的决定性影响因素。温度越高，反应速率常数越大。另外，有研究表明，氧在水中的传质系数也随着温度的升高而增大，同时，温度升高使液体的黏度减小。因此，温度升高有利于氧在液体中的传质和有机物的氧化。温度越高，有机物的氧化越完全，但是当温度升高，总压力也增大，使动力消耗变大，且对反应器的要求变高，因此从经济的角度考虑，应通过具体实验选择合适的氧化温度，既要满足氧化的效率，又要合理设计能量消耗等费用。

本文在亚临界水条件下选取了几个温度段，考察了在初始 COD_{Cr} 为 $1 \times 10^5 mg/L$，氧气分压为 6MPa，反应时间分别为 1min、5min、10min，催化剂投加量为 10mg/L 时，温度对糖蜜酒精废液 COD_{Cr} 去除率的影响情况，结果如表 2-17、图 2-30 所示。图 2-30 中三条曲线分别代表三个不同反应时间下温度对废液 COD_{Cr} 去除率的影响。

表 2-17　反应温度对糖蜜酒精废液 COD_{Cr} 去除率的影响

反应温度 /℃	反应时间 /min	产物 COD_{Cr} /(mg/L)	COD_{Cr} 去除率 /%	催化剂离子溶出量/(mg/L)	
				$[Cu^{2+}]$	$[Mn^{2+}]$
300	5	3155	96.85	2.01	0.5
320	5	1521	98.48	1.78	0.8
340	5	732	99.27	1.39	0.9
360	5	325	99.67	0.9	0.9
380	5	82	99.92	0.56	0.0
300	1	6214	93.78	—	—
320	1	2115	97.87	—	—
340	1	1245	98.76	—	—
360	1	683.2	99.32	—	—
300	10	1756	98.24	—	—
320	10	780	99.22	—	—
360	10	73	99.93	—	—

由表 2-17 和图 2-30 分析可知，随着温度的提高，糖蜜酒精废液氧化降解产物的 COD_{Cr} 值越来越小，COD_{Cr} 的去除率增大。320℃条件下反应时间为 10min 时产物 COD_{Cr} 为 780mg/L，处理水能达到污水综合排放标准。同时，随着反应时间的延长，曲线的斜率减小，这说明反应时间越短，反应温度对废液 COD_{Cr} 的去除率影响越明显。当反应时间为 1min 时，随反应温度的升高，COD_{Cr} 去除率显著提高；在远离水的超临界点处曲线斜率大，在亚临界点附近曲线斜率减小，也即在亚临界条件下反应温度对废液 COD_{Cr} 去除率影响更为明显，从经济

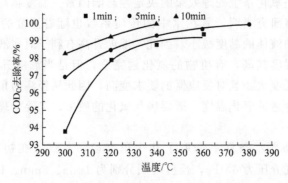

图 2-30　不同反应时间下反应温度对 COD_{Cr} 去除率的影响

效益出发，选取在水的亚临界条件下氧化降解糖蜜酒精废液更为合理。

② 氧气分压的影响。氧气分压也是影响废水氧化降解的因素之一，当氧气分压不够废水氧化所需理论耗氧量时，氧压大小对废水氧化反应的影响尤为明显，但由于氧气在水中的溶解度不够大，即使加入到理论需氧量时，氧压对反应速率还有可能产生影响。目前已有一些学者对此进行了研究，得出只有当实际供氧量超过理论需氧量的 3～5 倍时，氧压的大小与废水的氧化降解的影响才不明显。

在充入反应釜氧气量超过氧化降解糖蜜酒精废液所需氧气量的基础上，考察反应温度为 360℃、反应停留时间为 5min 时氧气的不同浓度对糖蜜酒精废液氧化降解 COD_{Cr} 去除率的影响，结果如表 2-18 和图 2-31 所示。从表 2-18 可以看出，当实际氧压与理论氧压的比值小于 4.7 时，随氧压的增大废水 COD_{Cr} 的去除率也增大，而且实际氧压越小影响越明显，而当其比值大于 4.7 时，氧压的大小对糖蜜酒精废液 COD_{Cr} 的去除率基本没有影响。

表 2-18　氧压对糖蜜酒精废液 COD_{Cr} 去除率的影响

氧压 /MPa	实际氧压与理论氧压比	初始 COD_{Cr} /(mg/L)	产物 COD_{Cr} /(mg/L)	COD_{Cr} 去除率 /%
2	2.4∶1	1×10^6	1268.8	98.73
3	3.5∶1	1×10^6	406.7	99.59
4	4.7∶1	1×10^6	325	99.64
5	5.9∶1	1×10^6	325	99.64
6	7∶1	1×10^6	310	99.67

③ 反应停留时间的影响。在其他条件不变的情况下，反应停留时间越长，有机物的氧化降解就越完全，中间产物含量降低，最终产物生成率增大。而当时

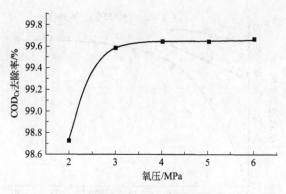

图 2-31　氧压对 COD_{Cr} 去除率的影响

间足够长时，随着反应的进行反应物的浓度逐渐降低，使得反应速率降低，有机物的转化率随停留时间的增加也变得缓慢。

本文分 300℃、320℃、360℃ 三个不同的温度段讨论反应停留时间对糖蜜酒精废液 COD_{Cr} 去除率的影响，其反应条件参数为氧压 5MPa、催化剂投加量 10mg/L。结果如表 2-19 和图 2-32 所示。

表 2-19　反应停留时间对糖蜜酒精废液 COD_{Cr} 去除率的影响

反应温度 /℃	反应时间 /min	初始 COD_{Cr} /(mg/L)	产物 COD_{Cr} /(mg/L)	COD_{Cr} 去除率 /%
300	1	1×10^5	6214	93.78
	5	1×10^5	3155	96.85
	10	1×10^5	1756	98.24
	15	1×10^5	986	99.01
	20	1×10^5	650	99.35
	30	1×10^5	422	99.76
320	1	1×10^5	2115	97.87
	3	1×10^5	1854	98.15
	5	1×10^5	1521	98.48
	7	1×10^5	1200	98.80
	10	1×10^5	780	99.22
360	1	1×10^5	683.2	99.32
	3	1×10^5	472	99.53
	5	1×10^5	325	99.67
	7	1×10^5	177	99.88
	10	1×10^5	73	99.93

由表 2-19 和图 2-32 可知，随反应停留时间的延长，COD_{Cr} 去除率增大，在同一反应温度段内，随反应停留时间的延长 COD_{Cr} 去除率的增长呈先快后慢的

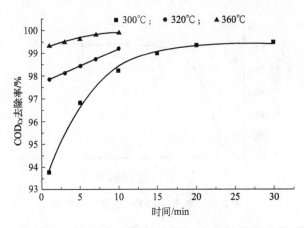

图 2-32　反应停留时间对 COD_{Cr} 去除率的影响

趋势，原因为：随着反应停留时间的延长，一是废水的 COD_{Cr} 值越来越低，二是剩下的物质越来越难被氧化，从而使得反应速率降低。反应温度越高，糖蜜酒精废液的氧化降解速率越快，在水的临界点附近反应不到 1min 有机物基本氧化完全，在此基础上再延长反应停留时间对 COD_{Cr} 去除率的影响不大，而在远离水的临界点处（如 300℃）反应需要数十分钟才能基本完全，在此温度段延长反应停留时间对 COD_{Cr} 去除率的影响明显。

④ 催化剂用量的影响。催化剂用量也是影响废水催化氧化降解速率的因素之一。在反应温度为 340℃、反应停留时间为 5min、氧气分压为 6MPa 的条件下，对催化剂 $CuO/MnO_2/\gamma\text{-}Al_2O_3$ 用量的影响进行了实验研究，结果如表 2-20 及图 2-33 所示。

表 2-20　催化剂用量对糖蜜酒精废液 COD_{Cr} 去除率的影响

催化剂投加量 /(mg/L)	初始 COD_{Cr} /(mg/L)	产物 COD_{Cr} /(mg/L)	COD_{Cr} 去除率 /%	催化剂离子溶出量/(mg/L)	
				$[Cu^{2+}]$	$[Mn^{2+}]$
0	1×10^5	1626.8	98.37	—	—
5	1×10^5	991.2	99.01	1.29	0.6
10	1×10^5	732	99.27	1.39	0.9
20	1×10^5	928	99.07	2.93	1.1

当催化剂的用量小于 10mg/L 废水时，糖蜜酒精废液的 COD_{Cr} 去除率随催化剂用量的增加而增大，但当催化剂用量再增大时，对废液 COD_{Cr} 的去除基本无影响。由于催化剂的量增大将提高废水处理的成本，因此在实际操作过程中尽量优选催化效果较佳且经济利益合算的量，认为催化剂的用量为 10mg/L 废水最适宜。

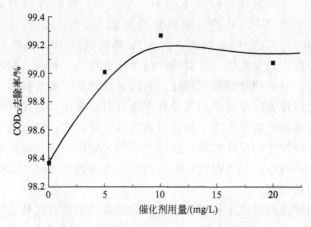

图 2-33　催化剂用量对 COD_{Cr} 去除率的影响

2.6　其他处理法

随着科技的发展，许多新型处理方法被应用于酒精废液的治理。有些新方法尚未应用于生产实践，还处于试验研究阶段，但已展示出良好的发展前景。这些方法主要有：絮凝法、吸附法、超滤法和内电解法等[51]。

絮凝法是向酒精废液中添加一定比例的絮凝剂，能作用于酒精废液中的溶质及悬浮物等，形成絮状沉淀物，达到有效降低酒精废液的 COD 值和固形物含量的目的。近年来絮凝法已经发展至电絮凝技术的研究，电絮凝技术能够更加有效地用于脱色及去悬浮物等，与传统絮凝法相比有一定的优势。

吸附法是利用吸附剂对酒精废液的各种污染物进行去除。吴振强等分别用粉末活性炭、离子交换树脂及吸附树脂对酒精废液进行脱色试验，并进行比较，优选粉末活性炭为最佳的脱色剂。周桂等[52]应用腐植酸对酒精废液进行吸附处理，废液 COD 去除率高达 80％。

超滤法是将糖蜜酒精废液进行一定的预处理后通入超滤装置，进行超滤处理。超滤处理糖蜜酒精废液可有效去除废液中大部分的有机质，降低废液的 COD 值。在工业的许多废水处理都已用到超滤技术，该技术具有很大的发展前景。

内电解法是利用铁屑作为滤料组成滤池，废水经滤池发生的一系列电化学及物理化学反应使污染物得到处理的一项新型废水处理法。利用该法对废水进行预处理可降低废水中 COD_{Cr} 的含量，去除水中色度，提高废水可生化性，并通过混凝作用降低污染负荷。周旋等[53]以内电解作为糖蜜酵母废水的预处理手段，经验证当 Fe：C（质量比）＝2：1、pH＝4 左右、反应停留时间为 90min 时，COD、色度、TP、NH$_3$-N 的去除率分别为 21%、35%、8.5%、5.7%。经内电解后出水 BOD$_5$/COD 明显提高，由 0.28 提高到 0.40，表明内电解可有效地改善糖蜜酵母废水的生化性，这对后续的生化处理是有利的。糖蜜酵母废水经内电解预处理后，与未预处理废水相比，其厌氧处理效率有所提高。

虽然内电解作为酵母废水的预处理手段有着诸多优势，尤其是对色度有良好的去除率，但是内电解法作为一种新型的废水处理方法，在理论上，对其反应过程中电极上实际发生的反应机理、反应产物和反应动力等方面仍有待继续深入研究；在运用中，内电解法也存在一定的问题需要改进和加强。目前，内电解仅用于实验室的理论研究。

同时，两种或两种以上处理方法之间的结合使用也取得较为不错的效果[54]。雷光鸿等[55]采用内电解-催化氧化法处理糖蜜酒精废液具有较高的 COD 去除效果。研究了内电解-催化氧化法处理糖蜜酒精废液的效果受反应时间、废液浓度、pH 值、反应温度等单因素的影响并进行了正交试验。实验结果表明，反应 10h、废液稀释 7.5 倍、pH＝5.50、反应温度 60℃、用 Cu-AC 催化剂、内电解-催化氧化法处理糖蜜酒精废液，其 COD 去除率可达 80.0%。

郝科慧[56]采用水解酸化-蒸馏-好氧工艺处理时，糖蜜酒精废液的总糖去除率可达 98.17%，COD 总去除率可达 81.71%，COD 浓度可降低到 277.72mg/L；同时采用水解酸化-好氧工艺处理时，糖蜜酒精废液的总糖去除率可达 99.47%，COD 总去除率可达 65.08%，COD 浓度可降低到 530.45mg/L。两种工艺均对总糖的利用率较高，且前者达到了国家二级排放标准，后者还需进行进一步处理。从能源回收角度看，酸化液在蒸馏处理过程中可回收 55.95% 的馏出 VFAs，实现了糖蜜酒精废液的资源化利用。

前面所述的糖蜜酒精废液的处理方法中，可以看出各种处理方法均有各自的优缺点，适用的场合也不同。目前，还没有哪种方法是公认的最佳处理方法，厂家一般会根据处理目的和外在条件选择不同的处理工艺[57]。但是，随着高浓度有机废水治理技术的发展，糖蜜酒精废液含有丰富营养物质的特点日益突出，未来的治理方案可以从以下两方面考虑。

（1）以回收能源为目的的达标排放

浓缩焚烧和厌氧制沼气都是回收能源的治理方法，但仍存在着目前无法解决的问题。新型处理方法如催化湿式氧化法、超临界氧化法和催化超临界水氧化法均对难降解的高浓度有机废水有很强的破坏效果，是目前有机废水处理技术的热点，但关于这些技术的细节少有报道。

（2）资源化治理

实现糖蜜酒精废液的资源化利用可以从回收有用物质和以废治废两方面考虑。回收有用物质是指从糖蜜酒精废液中提取甘油、胶体、酵母和色素等物质。

张书文等[58]用离子交换法从甜菜糖蜜发酵废液中提取甘油,其纯度可达98%以上。以废治废技术是通过发挥不同废物的特性,以期达到同时去除的目的,是废物资源化利用最理想的方式。冯冰凌等[59]研究了向糖蜜酒精废液中加入造纸黑液和草酸,再经活性炭吸附,结果显示废水的COD降低了91%。

参 考 文 献

[1] 杨健,章非娟,余志荣.有机工业废水处理理论与技术 [M].北京:化学工业出版社,2005.

[2] 王绍文,罗志腾,钱雷.高浓度有机废水处理技术与工程应用 [M].北京:冶金工业出版社,2003.

[3] 谢冰,徐亚同.废水生物处理原理和方法 [M].北京:中国轻工业出版社,2007.

[4] 吕炳南.污水生物处理新技术 [M].哈尔滨:哈尔滨工业大学出版社,2005.

[5] 朱竹江.BCO+BAF资源化处理糖蜜酒精废液的实验研究 [D].桂林:桂林理工大学,2007.

[6] 郑磊.糖蜜酒精废水的治理工艺研究及优化 [D].天津:天津大学,2012.

[7] 彭跃莲.膜技术前沿及工程应用 [M].北京:中国纺织出版社,2009.

[8] Lin H, Peng W, Zhang M, et al. A review on anaerobic membrane bioreactors: Applications, membrane fouling and future perspectives [J]. Desalination, 2013, 314 (4): 169-188.

[9] 王湛,周翀.膜分离技术基础 [M].北京:化学工业出版社,2006.

[10] Bilad M R, Declerck P, Piasecka A, et al. Treatment of molasses wastewater in a membrane bioreactor: Influence of membrane pore size [J]. Separation and Purification Technology, 2011, 78 (2): 105-112.

[11] 高靖伟,赫婷婷,程翔,等.EGSB-MBR组合工艺处理糖蜜发酵废水效能研究 [J].中国环境科学,2015, 35 (5): 1416-1422.

[12] 黄佳蕾,陈滢,刘敏,等.两相厌氧+好氧工艺处理糖蜜废水的研究 [J].给水排水,2017, (3): 78-83.

[13] 张虹,王臻,张振家.膜生物反应器处理糖蜜酒精废水的试验研究 [J].环境科学与技术,2004, 27 (3): 20-21.

[14] 孟昭,周立辉,张景林,等.新型生物膜反应器处理糖蜜乙醇废水试验研究 [J].湿法冶金,2012, 31 (1): 61-64.

[15] 赵庆良,刘雨.废水处理与资源化新工艺 [M].北京:中国建筑工业出版社,2006.

[16] 陆燕勤,张学洪,朱义年,等.利用BAF提取糖蜜酒精废液中钾的实验研究 [J].环境科学与技术,2009, 32 (7): 46-49.

[17] 刘建福,李青松.糖蜜酒精废液优势降解菌群试验研究 [J].工业水处理,2015, 35 (10): 46-49+53.

[18] You S H, Xie Q L, Ma L L, et al. Ezperimental study on the treatment of molasses distillery wastewater using micro-aerobic biological treatment process [C]// International Symposium on Environmental Science & Technology, 2009: 1646-1649.

[19] Chen Y, Cheng J J, Creamer K S. Inhibition of anaerobic digestion process: A review [J]. Biore-source Technology, 2008, 99 (10): 4044-4064.

[20] 刘娟.酒精废水不同厌氧消化处理工艺的研究 [D].杨凌:西北农林科技大学,2007.

[21] 顾蕴璇,符征鸽,黄志龙,等.高硫废水厌氧消化中硫酸盐抑制解除方法的研究 [J].中国沼气,1996, 14 (4): 11-16.

[22] 黄贞岚,张忠民,陆长清,等.糖蜜酒精废水厌氧反应实验研究 [J].工业水处理,2008, 28

(11)：44-45.

[23]　周祖光．糖蜜酒精生产废醪液资源化利用探析 [J]．环境科学与技术，2005，28 (2)：98-100.

[24]　徐文炘，李蘅，张生炎，等．糖蜜酒精废液生化法的研究进展 [J]．矿产与地质，2002，(6)：375-380.

[25]　刘琴，张敬东，李捍东，等．UASB 处理高浓度糖蜜酒精废液的研究进展 [J]．酿酒科技，2005，(11)：95-98.

[26]　张萍，石富礼．UASB 处理工艺 [J]．环境研究与监测，2003，(4)：408-411.

[27]　李永会．二级厌氧-好氧与物化结合工艺处理糖蜜酵母废水的研究 [D]．广州：华南理工大学，2014.

[28]　高瑞丽．两级 UASB 处理糖蜜酒精废水的效果研究 [J]．环境保护与循环经济，2017，(6)：28-34.

[29]　朱昱，陆浩洋，廖华丰，等．两级厌氧消化工艺处理高浓度有机废水 [J]．给水排水，2014，50 (4)：53-57.

[30]　陈阳，赵明星，阮文权．糖蜜酒精废水的两级 UASB 处理技术研究 [J]．食品与发酵工业，2017，43 (6)：27-33.

[31]　杨永东，黄国玲，解庆林，等．微氧厌氧工艺处理糖蜜酒精废水的现场试验研究 [J]．安全与环境工程，2012，19 (5)：55-58.

[32]　黄国玲，解庆林，纪宏达，等．微氧厌氧处理糖蜜酒精废水的限制因素 [J]．净水技术，2012，31 (4)：80-83.

[33]　Pavel Jeníček, Jana Zábranská, Michal Dohá020nyos. Anaerobic treatment of distillery slops in the circumstances of central europe [J]. Water Science & Technology, 1994, 30 (3), 157-160.

[34]　Yeoh B G. Two-phase anaerobic treatment of cane-molasses alcohol stillage [J]. Water Science & Technology, 1997, 36 (6)：441-448.

[35]　穆军，章非娟，黄翔峰，等．厌氧酸化-好氧光合细菌法处理含硫酸盐高浓度有机废水 [J]．中国环境科学，2005，(3)：302-305.

[36]　樊凌雯，张肇铭，张德咏，等．利用光合细菌处理糖蜜酒精发酵废液中试研究 [J]．中国环境科学，1998，(2)：78-80.

[37]　张敏，王凯，黎方强．孟加拉 JAMUNA 酒精厂糖蜜酒精废水处理工程技术改造及其特点 [J]．中国沼气，1997，(4)：30-34.

[38]　De Vrieze J, Devooght A, Walraedt D, et al. Enrichment of methanosaetaceaeon carbon felt and biochar during anaerobic digestion of a potassium-rich molasses stream [J]. Applied Microbiology and Biotechnology, 2016, 100 (11)：5177-5187.

[39]　韦美姣．糖蜜酒精废液物性及横管降膜蒸发数值模拟的研究 [D]．广州：华南理工大学，2018.

[40]　史耀振．糖蜜酒精废液多效蒸发系统的模拟分析与改造 [D]．广州：华南理工大学，2018.

[41]　夏慧丽．催化湿式氧化法处理糖蜜酒精废液的研究 [D]．桂林：广西师范大学，2004.

[42]　Dioxin C N, Abraham M A. Conversion of methane to methanol by catalytic supercritical water oxidation [J]. Supercrical Fluids, 1992, 5：269-273.

[43]　吴颖瑞．超临界水氧化法处理糖蜜酒精废液的研究 [D]．桂林：广西师范大学，2003.

[44]　喻赛波．催化亚临界水氧化法处理糖蜜酒精废液的研究 [D]．桂林：广西师范大学，2004.

[45]　Li L, Chen P, Gloyna E F. Generalized kinetic model for wet oxidation of organic compounds [J]. Aiche Journal, 1991, 37 (11)：1687-1697.

[46]　Crain N, Tebbal S, Li L. Kinetic and reaction pathways of pyridine oxidation in supercritical water [J]. Industrial and Engineering Chemistry Research, 1993, 32：2259-2268.

[47]　Devlin H R, Harris I J. Mechanism of oxidation of aqueous phenol with dissolved oxygen [J]. Indus-

trial and Engineering Chemistry Research Fundamentals，1984，23：387-392.

[48] Joglekar H S，Samant S D，Joshi J B. Kinetic of wet air oxidation of phenol and substituted phenols [J]. Water Research，1991，25 (2)：135-145.

[49] Savage P E，Smith M A. Kinetics of oxidation in supercritical water [J]. Environmental Science & Technology，1995，29 (2)：21-21.

[50] Holgate H R，Tester J W. Oxidation of hydrogen and carbon monoxide in sub- and supercritical water. Reaction kinetics，pathways，and water-density effects. 1. Experimental results [J]. Journal of Physical Chemistry，1994，98 (3)：800-809.

[51] 李坚斌. 内电解-催化氧化法处理糖蜜酒精废液的研究 [D]. 南宁：广西大学，2003.

[52] 周桂，邓光辉，何子平. 腐植酸在糖蜜酒精废液处理中的应用研究 [J]. 广西轻工业，2001，(4)：28-30.

[53] 周旋，刘慧，王焰新，等. 内电解预处理酵母工业废水研究 [J]. 环境科学与技术，2006，(11)：69-70+119.

[54] Onodera T，Sase S，Choeisai P，et al. High-rate treatment of molasses wastewater by combination of an acidification reactor and a USSB reactor [J]. Journal of Environmental Science and Health，2011，46 (14)：1721-1731.

[55] 雷光鸿，赵宇，李坚斌，等. 内电解-催化氧化法处理糖蜜酒精废液的研究 [J]. 广西轻工业，2011，27 (4)：34-36.

[56] 郝科慧. 糖蜜酒精废水水解酸化-蒸馏-好氧工艺的实验研究 [D]. 天津：天津大学，2014.

[57] 朱国洪，刘振华，尹国，等. 甘蔗糖蜜酒精工业废液治理 [J]. 四川环境，2000，(2)：45-47.

[58] 张书文，于春慧. 甜菜糖蜜发酵废液中提取甜菜碱新工艺研究 [J]. 精细化工，2000，(3)：156-158.

[59] 冯冰凌，袁荣华，江丽，等. 造纸黑液对糖蜜酒精废液处理效果的影响因素 [J]. 工业水处理，2008，(7)：45-47.

第**3**章
糖蜜废液的生物有机碳肥应用

通过前面内容可知，糖蜜废液是以糖蜜作为原料，通过不同工艺生产各种产品如酒精、氨基酸、药物等排出的废液。本章所要介绍的氨基酸酵母废液即常说的酵母废液，是糖蜜废液的一种，含有大量有机质、氨基酸和矿物元素。通过低温法浓缩废水，同时添加阻聚剂，减少不溶物，然后将上清液继续蒸发浓缩，再采用化学降解方法，减小有机质的分子量，提高游离氨基酸的含量，增加有机质肥效，用于补充其他植物营养成分，生产为生物有机碳肥[1]。这样，不仅可以解决氨基酸废液处理过程中的污染问题，同时也可以实现废弃物的资源化再利用。

3.1 有机碳肥的功能

有机碳肥是作物生长所需的重要肥料，本质上是小分子水溶性有机碳，可被作物根系直接吸收，促使作物正常生长[2]。作为新型有机肥，有机碳肥具有很强的肥效，且施肥量较少、见效快，综合能力比普通有机肥料要高很多。原因是普通商品有机肥属于大分子，活性官能团较少，很难被直接吸收，导致其有机碳利用率较低；有机碳肥是小分子水溶性碳，活性官能团较多，可以直接被吸收，有机碳利用率较高[3]。

有机碳肥是传统有机肥的升级品种。研究证明，有机碳肥的形态包括固态、液态和气态。固态有机碳肥主要由固体有机废弃物降解转变成小分子水溶性有机碳；液态有机碳主要由高浓度有机废水通过生物化工的方法进行降解，释放出大量小分子水溶有机碳加工而成；气态碳肥的主要成分是二氧化碳，其主要目的是增加光合作用中二氧化碳的含量，从而增强光合作用。气态碳肥可以应用于大棚中，达到增产的效果[4]。

有机碳肥中小分子水溶有机碳（即有效碳）含量是传统有机肥的 5～10 倍，可取代有机肥，用量是传统有机肥的 10%～20%。如果同功能的微生物协同使用，则大大增加肥力。有机碳肥具有以下优势：

① 与传统商业有机肥相比，有机碳肥的单位使用量较少，且有机碳肥的水溶性更好，可以方便施用，能更好地应用于农业市场上[5]。

② 有机碳肥可与化肥联合使用，制成高效的肥料，从而大幅度提高肥料的利用率，增加化肥的使用率。有机碳肥与化肥的联合使用将会成为农作物产业发展的重要措施。

③ 有机碳肥可为微生物肥料补充碳源。微生物肥料普遍存在许多缺点，如不能定值、作用短暂、作用效果达不到预期等。原因是微生物肥料可以吸收利用碳源，造成有机碳养分缺失，导致微生物肥料不能较好地发挥肥效。当微生物肥料得到有机碳养分的培育，土壤中水气热环境将会改善，从而提高微生物肥料的肥效。

④ 有机碳肥可以作为土壤的"调理剂"。在土壤有机碳养分非常匮乏的情况下，使用有机碳肥可补充土壤碳源，从而维持土壤的良性生态循环。有机碳肥保留并浓缩了有机废弃物的水溶碳和中微量元素，因此有机碳肥同时兼具补碳和补充微量元素（中微量元素）的双重功效，是高效多功能的土壤调理剂[6]。

⑤ 有机碳肥可以增强作物的光合作用。有机碳能被土壤微生物或根系吸收，并与矿物质养分融合，增加土壤肥力，提高叶片宽厚，从而增加作物光合作用[7]。

⑥ 有机碳肥可增加作物的防病抗逆机能。当农作物的有机养分、无机养分和土壤肥力充分时，农作物的抗病能力和自我修复能力就会增强。土壤肥沃、生物多样性丰富、土壤中和空气中有益微生物活跃，会导致病菌难以繁衍，减少农作物的染病机会[8]。

⑦ 有机碳肥可促进农作物的生产潜力。有机碳肥可以促进农作物根茎生长，增加作物产量。有机碳肥能够增加农作物根系，丰富物质积累，导致植株肥水供应充足、叶片宽厚、阳光下不萎蔫、叶绿素丰富等，大大提高光合作用效率，提高产量。

⑧ 有机碳肥可使土地永续耕作。土地永续耕作的关键因素是培肥，核心在于保证碳循环。实施碳循环的方式有很多，如施用传统有机肥（商品）、施用农家肥（堆肥和水肥）、秸秆还田、种植绿肥等。有机碳肥是保证碳循环的重要方式。

⑨ 有机碳肥产业有利于保护我国环境。有机碳肥在节能减排、经济循环、有机废弃物回收等方面具有重要作用，有利于改善我国自然环境。

⑩ 有机碳肥是高效的土壤"修复剂"。土壤肥力由物理肥力、化学肥力、生物肥力三种性质不同又互相影响的肥力因素构成。有机碳养分对上述三种肥力都

有直接的影响作用。施用有机碳肥可增加土壤微生物所需的碳氮比，增加微生物繁殖，进而引起土壤生物肥力、物理肥力和化学肥力之间的连锁促进效应[9]。土壤中有机与无机养分均衡，生物多样性得到发展，土壤将会恢复生命力，提高自净能力，因此有机碳肥兼具快速改良土壤和连续持久的肥效表现，是土壤肥力和生命运动的动力源。

除此之外，有机碳肥还具备其他功能，如改善土壤生态环境、提高农产品质量效益等。

3.2　糖蜜废液有机碳肥的主要类型

糖蜜废液是市场上资源较为充足、价格相对低廉的有机碳肥原材料，具有巨大的开发前景。在产糖地区，废糖蜜是一种季节性排放的废弃资源[10]，其排放量巨大，往往形成季节性排放压力。糖蜜废液中的固形物大约 70% 为有机质，其中有糖分、蛋白质、氨基酸和维生素等，其余为灰分，含有氮、磷、钾、钙、镁等元素，钾含量高，重金属痕量，无毒、无害。从成分上看，糖蜜废液是可以开发的宝贵资源。利用糖蜜废液生产生物有机碳肥，可以使资源的利用价值更大化，产品更加标准化和具有科学依据，同时也为季节性大量排放的糖蜜酒精废液提供一条更科学的出路。目前利用糖蜜废液生产的有机碳肥主要包括腐植酸有机碳肥和有机碳菌肥。

3.2.1　腐植酸有机碳肥

我国是一个农业生产大国，随着人民生活水平的日益提高及人口数量逐年递增，我国对粮食和农作物的产量和质量需求亦随之不断增加，使得农业生产不断朝着高产、优质、高效的方向发展。然而，农业的大力发展离不开肥料的支撑，腐植酸有机肥是一种含有腐植酸类物质的新型有机肥料，其在农业应用上有着巨大的潜力[11]。随着生态农业和绿色农业在世界范围内兴起，无公害生态环保腐植酸肥料的研究和开发越来越受到人们的重视[12]，而微生物发酵生产腐植酸有机碳肥作为腐植酸肥料领域一个新的发展方向，具有原料易得，成本低，投资少，效益好，既治理环境、减少污染又变废为宝等诸多优势，逐渐成为肥料领域的研究开发热点[13]。

甘蔗糖蜜酒精废液属于高浓度酸性有机废水，废液中含有固形物。固形物主要是有机质，如酵母菌体、蛋白质、糖分、氨基酸、维生素、有机酸等有机物以及诸如氮、钾、磷及农作物生长所需化学微量元素铁、锰、锌、钾等，是一种优良的有机肥料[14]。这种废液无毒性，但直接排放会对环境造成严重污染，例如水体富营养化、水体缺氧、鱼虾绝迹、河水发臭等[15]。从甘蔗糖蜜酒精废液组分的功效成分来看，其又是一种含有大量营养成分、可以综合利用的有机废液。国内外很早就已经开始重视对酒精废液的处理，并曾针对糖厂酒精废液的处理提出过多种方案，制糖行业每年在治理酒精废液方面资金投入很大，但却收效甚微。就目前而言，酒精废液的处理方法可以分为：贮存直排法、农灌法、浓缩固化法、浓缩燃烧法、氧化塘法、定向发酵法和浓缩活性腐植酸法等。其中农灌法应用效果较好，但直接灌溉农田会板结土壤和酸蚀庄稼[16]。同时，甘蔗尾叶作为甘蔗收获后的副产品，具有产量大、营养价值高等优点，但目前其利用率尚不足，大量的甘蔗尾叶资源废弃在田间地头或被就地直接焚烧，不仅导致此类资源严重浪费，而且显著增加环境的负担。因此，充分合理使用这一资源，使其变废为宝，不仅有利于提高该资源的综合利用率，而且有助于环境的保护，具有重大的研究利用价值[17]。甘蔗糖蜜酒精废液及甘蔗尾叶生产腐植酸有机碳肥的技术路线见图 3-1。

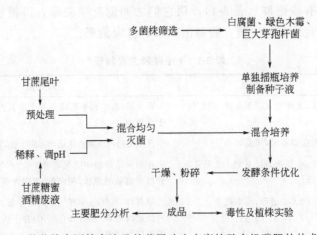

图 3-1　甘蔗糖蜜酒精废液及甘蔗尾叶生产腐植酸有机碳肥的技术路线

施加发酵腐植酸有机碳肥对提高甘蔗尾叶中可溶性糖的含量效果明显，究其缘由，可能是该肥料促进了甘蔗可溶性总糖含量提高。多数研究认为，施用富含腐植酸的肥料可以提高作物贮藏器官的可溶性糖含量[18]，尤其是对于糖料作物如甜菜、甘蔗来说，植物尾叶可溶性糖量的高低，意味着作物产量和质量的优劣。

3.2.2　有机碳菌肥

由于在农业生产中长期大量使用化肥、农药，土壤性状被破坏，环境污染加剧，农作物产量和品质下降，农业的可持续发展受到严重影响。因此在农业上减少化肥、农药施用量，采用有机肥料，走生态农业可持续发展道路，越来越受到世界各国的重视。近年来国内外不少研究表明，土壤中有益微生物在发展生态农业中具有广阔的应用前景和巨大的作用潜力。微生物虽然微小，但它在自然界中数量大、种类多、繁殖快、代谢强、分布广、作用大[19]。有益微生物中许多种类可加快土壤中各种物质的循环，维持生态平衡；可固定空气中取之不尽的氮，溶解土壤中大量贮藏的矿物，向植物提供充足的氮、磷、钾、钙、镁等营养元素；它还可以降解土壤中残留农药，清洁土壤；产生各种生物活性物质、杀灭害虫和促进植物抗病和生长，因此向土壤中接种有益微生物具有科学性和必要性。菌肥是上述农业生产接种中常用的载体。所谓菌肥是指能够激活土壤中其他有益微生物，并通过自身大量繁殖加快土壤中物质循环，改善植物营养，提高农作物产量和质量的微生物制剂[20]。

甘蔗糖业中生产大量糖蜜酒精废液，排放后污染环境。以糖蜜酒精废液为原料研制生产有机碳菌肥，可为有机废液治理和农业资源化利用提供菌种和技术。

马光庭等[21]采用选择培养法从自然界中分离筛选出固氮、解磷、促长等4组土壤微生物有益菌群（表3-1），用它们之间的互生关系，以糖蜜酒精废液为主要基质，限定性混合发酵，研制出高效有机碳菌肥。

表 3-1   4 组菌群主要特征

菌群	形态特征	生理特征
乳酸菌	杆状，无芽孢，G^+不运动，微好气	在乳糖-碳酸钙平板培养基上生长产酸，菌落周围产生溶解圈
酵母菌	圆形或卵圆形，出芽繁殖	在葡萄糖或蔗糖液体培养基中生长，发酵产气和酒精
固氮菌	杆状，有芽孢，G^+运动，或无芽孢，G^-不运动	在固氮培养液中厌气培养生长，产气和产酸；厌气滚管培养菌落呈点状，灰白色，表面光滑
光合细菌	小杆状，G^-运动，端生鞭毛	中温性，在厌气和好气下均可生长，在厌气有光照下可产生红色素，进行光合作用；在平板培养基上形成小的灰白色菌落

经在甘蔗、水稻、蔬菜等农作物田间小区试验和在广东、广西、海南等地大面积田间推广应用，效果良好。试验结果表明：经水稀释成合适比例后，喷施$50 \sim 80 kg/hm^2$稀释液，可减少施用化肥20%，甘蔗、水稻、蔬菜分别增加产量7.71%、14.00%、20%～40%，并能显著加快腐熟和肥效。

3.3 糖蜜废液有机碳肥的实验验证（以氨基酸酵母废液为例）

笔者所在课题组针对三类氨基酸酵母废液的特性使用三种不同的温度真空浓缩废水，同时添加阻聚剂，浓缩液通过絮凝沉降大分子聚合物，减少不溶物，降低黏度[22]，然后将上清液继续采用蒸发系统浓缩至45％～70％，再采用化学降解方法，减小有机质的分子量，提高游离氨基酸的含量，提高有机质肥效，然后补充其他植物营养成分，生产液体生物有机肥和粉状生物有机肥[23,24]，技术路线如图3-2所示。主要探究了有机碳对不同类作物（叶菜、果菜和大田作物）的功能影响及有机碳溶液在肥料中的最佳添加比例。具体研究内容如下：探究有机碳液体肥对作物的种子发芽率、幼苗生长、株高、地上部鲜重以及根重的影响；查明有机碳液体肥对农作物光合作用的影响效果；明确有机碳液体肥对作物抗病、抗逆性（抗寒、抗旱、抗涝、抗早衰、抗病虫害）的提高程度；培育土壤微生物，改良土壤，向植物提供根系可直接吸收的有机碳营养，促进根系发展；使矿物营养以有机配位"零电价"态被吸收，提高化肥微肥的利用率。

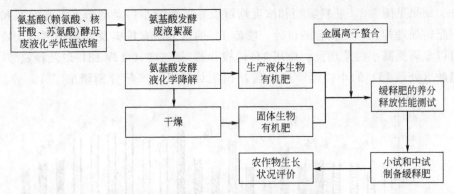

图 3-2　糖蜜废液有机碳肥生产技术路线

3.3.1　有机碳对农作物的肥效试验

本实验采用核苷酸、赖氨酸、苏氨酸、绿洲肥料四种氨基酸有机碳供试肥料[25]，选择清水作为空白对照组（CK），小白菜作为供试作物。试验设置22个处理，5次重复，冲施浓度分别为0.25％、0.50％、1.00％。盆栽随机排列摆放，每盆装土6kg（留土样测本体养分值），每盆移栽定植3苗，其他同常规管理。对小白菜进行等量施肥喷洒。培育生长后，通过空白对照组，观察对小白菜的肥效以及生长情况。22个试验设置处理分别为：①编号CK，空白对照组。施肥方式为基肥2g复合肥，追肥无，在其他处理追肥时，冲施200mL清水。②编号1，2，3分别代表冲施核苷酸的浓度为0.25％，0.50％，1.00％。施肥方式为基肥2g复合肥，按冲施量称取对应质量液体肥，兑水200mL，冲施。③编号4，5，6分别代表冲施赖氨酸的浓度为0.25％，0.50％，1.00％。施肥方式为基肥2g复合肥，按冲施量称取对应质量液体肥，兑水200mL，冲施。④编号7，8，9分别代表冲施苏氨酸的浓度为0.25％，0.50％，1.00％。施肥方式为基肥2g复合肥，按冲施量称取对应质量液体肥，兑水200mL，冲施。⑤编号10，

11，12分别代表冲施核苷酸：赖氨酸＝1：1比例的浓度为0.25％，0.50％，1.00％。施肥方式为基肥2g复合肥，按冲施量称取对应质量液体肥，兑水200mL，冲施。⑥编号13，14，15分别代表冲施赖氨酸：苏氨酸＝1：1比例的浓度为0.25％，0.50％，1.00％。施肥方式为基肥2g复合肥，按冲施量称取对应质量液体肥，兑水200mL，冲施。⑦编号16，17，18分别代表冲施核苷酸：苏氨酸＝1：1比例的浓度为0.25％，0.50％，1.00％。施肥方式为基肥2g复合肥，按冲施量称取对应质量液体肥，兑水200mL，冲施。⑧编号19，20，21分别代表冲施绿洲肥料的浓度为0.25％，0.50％，1.00％。施肥方式为基肥2g复合肥，按冲施量称取对应质量液体肥，兑水200mL，冲施。

(1) 氨基酸有机碳对小白菜产量的影响

结果见图3-3，肥料类型和浓度均可以显著影响小白菜的产量。与对照和绿洲肥料处理相比，除核苷酸以外，喷施1％的氨基酸有机碳及其等比例混合液均可以显著提高小白菜产量。施用1％的核苷酸/赖氨酸（处理12）以及赖氨酸/苏氨酸（处理15）的小白菜产量最高，相比对照组，产量分别增加了45.4％和

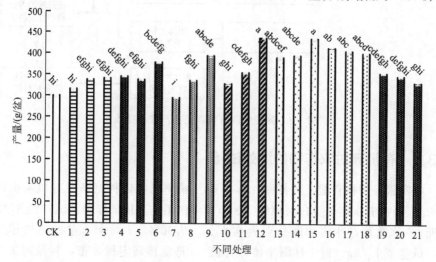

图3-3 氨基酸有机碳对小白菜产量的影响（数字代表不同处理方式）

注：图中数据为5次重复的平均值±标准误（SE），

图柱上不同字母❶表示差异显著（DMRT检验；$p < 0.05$）

---

❶ "abc"标注法：

根据均值大小，将各组由高到低排序，均值最高的组标注为"a"。将均值最高的组与第二高的组相比，若差异显著，则第二组标注为"b"；若不显著，继续比较其与均值第三高的组的差异；若均值最高的组与第二高的组不显著，均值第二高的组与第三高的组显著，则第二高的组就同样标注为"a"，第三高的组标注为"b"。若均值最高的组与第二高的组不显著、均值第二高的组与第三高的组不显著，但均值最高的组与第三高的组显著，则第二高的组就标注为"ab"，第三高的组标注为"b"。然后以标注为"b"的组的均值为标准，以此类推，继续循环往后比较，直到最小均值的组被标记，且比较完毕为止。

45.0%；相比绿洲有机碳组，上述两组合的产量分别增加了 31.4% 和 31.0%。

从氨基酸有机碳种类来看，氨基酸等比例混合液的效果优于单独氨基酸有机碳。当浓度为 1% 时，冲施核苷酸/赖氨酸（处理 12）以及赖氨酸/苏氨酸（处理 15）的小白菜产量显著高于冲施核苷酸有机碳（处理 3）和赖氨酸有机碳（处理 6）。

从冲施浓度来看，当冲施浓度为 0.25%～1.00% 时，除赖氨酸有机碳和核苷酸/赖氨酸以外，其他有机碳不同浓度处理对小白菜产量无显著影响

(2) 氨基酸有机碳对小白菜根重的影响

有机碳的施用可以显著促进小白菜根系的生长[26]。从图 3-4 可以看出，与对照组相比，施用氨基酸有机碳与绿洲肥料的小白菜根重均显著高于对照，根系增重 60% 以上。同种有机碳不同浓度之间，以及同种浓度不同有机碳之间，小白菜根重差异不显著。

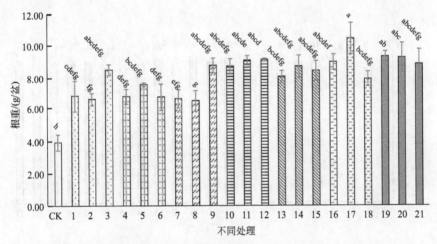

图 3-4　氨基酸有机碳对小白菜根重的影响（数字代表不同处理方式）

注：图中数据为 5 次重复的平均值±标准误（SE），图柱上不同字母
表示差异显著（DMRT 检验；$p < 0.05$），见 92 页

(3) 氨基酸有机碳对小白菜株高的影响

从图 3-5 可以看出，与对照组相比，经 1% 的赖氨酸（处理 6）和苏氨酸有机碳（处理 9），以及 0.5% 的赖氨酸/苏氨酸有机碳（处理 14）处理的小白菜株高显著高于对照组，而其他处理组与对照组并无显著差异。

(4) 氨基酸有机碳对小白菜相对叶绿素含量的影响

由于生长期光照较好，各处理组小白菜的叶色极为浓绿。从图 3-6 可以看出，各处理组之间小白菜的相对叶绿素含量并无显著差异。原因可能是因为生长期间阳光充足，从而影响了有机碳提高叶色的效果[27]。

笔者课题组采用氨基酸有机碳试液作为供试肥料，设置 22 种施肥方式，对

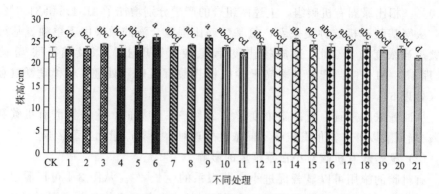

图 3-5　氨基酸有机碳对小白菜株高的影响（数字代表不同处理方式）
注：图中数据为 5 次重复的平均值±标准误差（SE），图柱上不同字母
表示差异显著（DMRT 检验；$p < 0.05$）

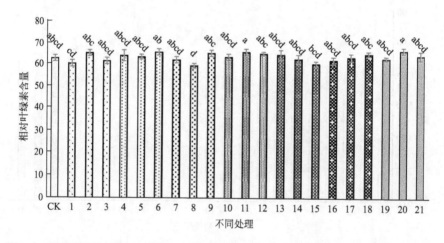

图 3-6　氨基酸有机碳对小白菜相对叶绿素含量的影响（数字代表不同施肥处理方式）
注：图中数据为 5 次重复的平均值±标准误差（SE），图柱上不同字母
表示差异显著（DMRT 检验；$p < 0.05$）

小白菜进行喷洒试验。研究发现，有机碳的施用可以显著促进植株根系的生长，进而影响小白菜的长势。当冲施 1.0% 有机碳时，冲施氨基酸等比例混合有机碳对小白菜产量、根重的促进效果最为明显，平均较对照增产 14%～45%，根重增加 70%～128%；平均较绿洲有机碳增产 3%～31%。由于实验期间光照充足，雨水较少，氨基酸有机碳对小白菜株高和叶绿素的影响相对较小。

3.3.2　有机碳对化肥微肥利用率的影响

可溶性金属盐中金属离子与氨基酸以一定数量的摩尔比共价化合所形成的产物，称为有机碳螯合物。螯合物中，配位体通过配位基和自身的碳链与金属离子形成环状结构，该环状结构如同蟹、虾等动物（配位体）以螯足夹持着（保护）金属离子[28]。

无机盐形式的微量元素，其利用率易受土壤pH以及其中的纤维、草酸、磷酸等物质的影响。螯合物形式的微量元素由于其化学性能稳定，分子内电荷趋于中性，金属离子与小分子有机质结合，小分子将金属离子保护在中间，在土壤中，可有效防止微量元素离子形成不溶解的化合物，或防止其被吸附在有碍元素吸收的不溶解胶体上，因而有利于植物体吸收。研究表明，经氨基酸等小分子有机质螯合的微量元素吸收率是无机微量元素的2～6倍。植物营养学认为：水溶性氨基酸或糖类小分子金属螯（络）合物更易被植物吸收。因此，螯（络）合微量元素肥料在土壤中不易被固定，易溶于水，又不解离，使矿物营养以有机配位"零电价"态被吸收，能很好地被植物吸收利用，提高化肥微肥的利用率[29]。

首先，笔者课题组探究了添加铁对作物的肥效实验。本试验采用苏氨酸螯合铁、硫酸铁、商品EDTA-Fe三种供试肥料，选择清水作为空白对照组（CK），空心菜作为供试作物。选用大小、长势基本一致的空心菜幼苗，用清水洗去根部周围基质，用海绵团固定基部，将植株放于定植筛中，每盆移4株，每盆装1剂量处理营养液800mL；一个星期后更换营养液一次。四天后再进行收获，收获时测定植株株高、茎粗、叶绿素、产量及植株含铁量。试验设计处理为：①编号1，2分别代表硫酸铁供试肥料铁元素添加量为1.4mg/L和2.8mg/L。施用方式为每星期更换营养液。②编号3，4分别代表EDTA-Fe供试肥料铁元素添加量为1.4mg/L和2.8mg/L。施用方式为每星期更换营养液。③编号5，6分别代表苏氨酸螯合铁供试肥料铁元素添加量为1.4mg/L和2.8mg/L。施用方式为每星期更换营养液。

（1）营养液中添加不同铁源对空心菜长势的影响

由图3-7可知，施用苏氨酸螯合铁的空心菜长势良好，株型及叶片均比较大，叶色较为浓绿，根系较其他处理根量及主根更多，颜色更白。其他处理的根系颜色较深，根量较少，主根不明显；CK和处理1的空心菜出现了明显的缺铁

图3-7 空心菜收获图（彩图见文后插页）

现象，叶色黄化；施用 EDTA-Fe 的空心菜株型最小，长至后期，由于盐分渗入而出现根茎基部腐烂、老叶黄化、部分植株死亡的现象，如图 3-8(a) 所示。施用苏氨酸螯合铁的空心菜仍保持旺盛生长 [图 3-8(b)]。

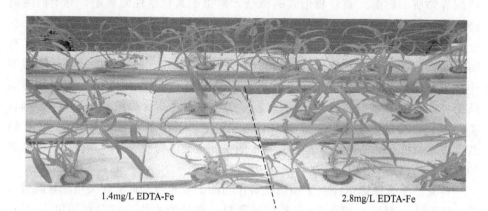

图 3-8(a)　以 EDTA-Fe 为铁源的空心菜（彩图见文后插页）

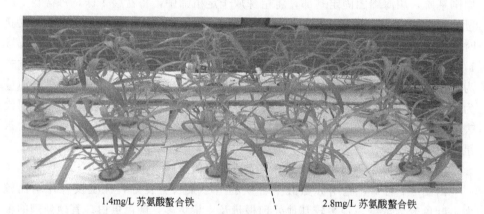

图 3-8(b)　以苏氨酸螯合铁为铁源的空心菜（彩图见文后插页）

(2) 营养液中添加不同铁源对空心菜株高、茎粗的影响

如表 3-2 所示，缺铁能够抑制空心菜的生长，收获时，施用 1.4mg/L 和 2.8mg/L 苏氨酸螯合铁（处理 5、6）的空心菜株高最高，显著高于其他处理。

当营养液中施用 1.4mg/L 铁肥时，施用苏氨酸螯合铁的空心菜株高及茎粗均为最高，分别较施用 FeSO₄ 的空心菜增加了约 19.7% 和 23.2%，较施用 EDTA-Fe 的空心菜增加了约 31% 和 34.6%。

同样，当营养液中施用 2.8mg/L 铁肥时，施用苏氨酸螯合铁的空心菜株高及茎粗均为最高，分别较施用 FeSO₄ 的空心菜增加了约 35.9% 和 7.5%，较施用 EDTA-Fe 的空心菜增加了 23.7% 和 22.8%。

表 3-2　营养液添加不同铁源对空心菜株高和茎粗的影响

编号	株高/cm	茎粗/cm
CK	31.4 ± 1.18^c	0.33 ± 0.03^c
1	32.1 ± 1.83^{bc}	0.36 ± 0.04^{bc}
2	36.2 ± 1.54^{ab}	0.40 ± 0.02^{abc}
3	29.3 ± 1.45^c	0.33 ± 0.03^c
4	30.3 ± 1.83^c	0.35 ± 0.02^c
5	38.4 ± 0.83^a	0.44 ± 0.02^a
6	37.5 ± 0.82^a	0.43 ± 0.02^{ab}

注：图中数据为 6 次重复的平均值±标准误（SE），同列不同字母表示差异显著（$p<0.05$）。

（3）营养液中添加不同铁源对空心菜相对叶绿素含量（SPAD 值）的影响

如图 3-9、图 3-10 所示，缺铁会导致空心菜新叶黄化，收获时，CK 处理的叶色最黄，叶片 SPAD 值最小。此外，施用 1.4mg/L $FeSO_4$ 处理的空心菜新叶也出现了黄化现象。施用苏氨酸螯合铁的空心菜叶色最绿，叶片 SPAD 值最高，显著高于其他处理。

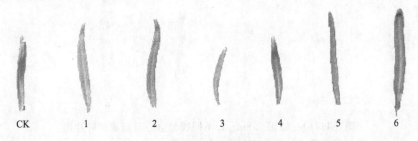

图 3-9　不同处理的新成熟叶片图

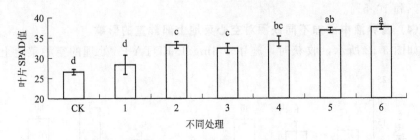

图 3-10　营养液中添加不同铁源对空心菜相对叶绿素含量（SPAD 值）的影响
（数字代表不同施肥处理方式）

注：图中数据为 6 次重复的平均值±标准误（SE），不同字母表示差异显著（$p<0.05$）

如图 3-11(a) 所示，当营养液中施用 1.4mg/L 铁肥时，施用苏氨酸螯合铁的空心菜叶片 SPAD 值分别较施用 $FeSO_4$ 和 EDTA-Fe 的空心菜增加了 29.8% 和 17.3%。

如图 3-11(b) 所示，同样，当营养液中施用 2.8mg/L 铁肥时，施用苏氨酸

CK   1   3   5

图 3-11(a)　施用 1.4mg/L 不同铁源空心菜新成树叶片图

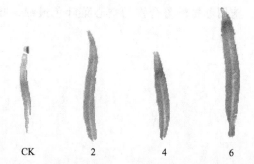

CK   2   4   6

图 3-11(b)　施用 2.8mg/L 不同铁源空心菜新成树叶片图

螯合铁的空心菜叶片 SPAD 值分别较施用 $FeSO_4$ 和 EDTA-Fe 的空心菜增加了 13.2% 和 10.5%。

（4）营养液中添加不同铁源对空心菜地上部鲜重的影响

如图 3-12 所示，收获时，施用 1.4mg/L EDTA-Fe 处理的空心菜地上部鲜

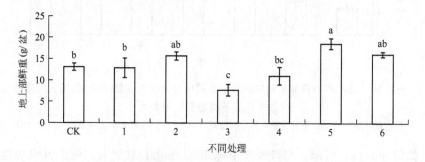

图 3-12　营养液中添加不同铁源对空心菜地上部鲜重的影响

（数字代表不同施肥处理方式）

注：图中数据为 6 次重复的平均值±标准误（SE），不同字母表示差异显著（$p < 0.05$）

重最低，显著低于其他铁源处理，可能是因为长至后期，施用 EDTA-Fe 的空心菜根茎基部出现腐烂，进而抑制生长，甚至导致植株死亡。

此外，施用 1.4mg/L FeSO$_4$ 处理的空心菜地上部长势不均匀，差异较大。而其他处理中，施用苏氨酸螯合铁的空心菜地上部鲜重最高。

当营养液中施用 1.4mg/L 铁肥时，施用苏氨酸螯合铁的空心菜地上部鲜重分别较施用 FeSO$_4$ 和 EDTA-Fe 的空心菜增加了 44.6% 和 141.3%。

同样，当营养液中施用 2.8mg/L 铁肥时，施用苏氨酸螯合铁的空心菜地上部鲜重分别较施用 FeSO$_4$ 和 EDTA-Fe 的空心菜增加了 2.7% 和 46%。

笔者所在课题组采用静止水培方式，用海绵团包裹根茎基部固定植株。研究发现，当营养液以 EDTA-Fe 为铁源时，空心菜长至后期时，由于海绵团吸收了部分养分，使养分在根茎基部结晶堆积，进而导致根茎基部腐烂，植株死亡，其他以 EDTA-Fe 为铁源的试验也出现了此现象（图 3-13）。但施用 FeSO$_4$ 和苏氨酸螯合铁的空心菜均未出现上述现象，相反，施用苏氨酸螯合铁的空心菜茎干粗壮，叶色浓绿，长势良好。

图 3-13　以 EDTA-Fe 为铁源的试验结果（彩图见文后插页）

此外，施用 1.4mg/L FeSO$_4$ 的空心菜新叶黄化，出现明显的缺铁现象，而施用 2.8mg/L FeSO$_4$ 时，空心菜虽未出现缺铁现象，但叶色仍然较苏氨酸螯合铁处理略黄。综上，本试验中，苏氨酸螯合铁作为营养液铁源可以促进空心菜生长，其中施用 1.4mg/L 苏氨酸螯合铁时，即可满足空心菜生长需求，与施用同浓度 FeSO$_4$ 和 EDTA-Fe 相比，地上部鲜重分别增加了 44.6% 和 141.3%，SPAD 值分别增加了 29.8% 和 17.3%；与施用 2.8mg/L FeSO$_4$ 和 EDTA-Fe 相比，地上部鲜重分别增加了 18.6% 和 68.5%，SPAD 值分别增加了 10.7% 和 8%。

综上所述，当营养液以苏氨酸螯合铁为铁源时，达到了营养液铁源减量增效的功效，大大降低了水培种植成本。

接着，课题组探究了糖蜜发酵液Ⅰ类螯合微量元素对小白菜的肥效试验。本实验采用糖蜜发酵液Ⅰ类-Fe（含Fe量0.75%）、糖蜜发酵液Ⅰ类-Zn（含Zn量3%）、$FeSO_4$（含Fe量20.1%）、$ZnSO_4$（含Zn量22.6%）、EDTA-Fe（含Fe量13.3%）、EDTA-Zn（含Zn量15%）六种供试肥料，选择清水作为空白对照组（CK），金沙赤叶白菜作为供试作物。试验采用通气水培方式，设6个处理组：以糖蜜发酵液络合铁、锌肥为供试铁、锌肥，以缺铁、锌营养液处理作为空白对照。硫酸螯铁、锌肥和EDTA铁、锌肥作为对照铁、锌肥，每个处理组各设6次重复。试验移苗时选用大小、长势基本一致的小白菜幼苗，用清水洗去根部周围基质后，海绵团固定基部，将植株放于定植筛中，每筛移苗4株。移苗后，将定植筛置于架有厚方形聚苯乙烯泡沫板的不透水塑料花盆上，花盆每盆装1剂量处理营养液800mL。营养液采用华南农业大学叶菜B方，微量元素采用通用配方。每7天更换营养液一次。一个月后收获。试验处理设置为：①编号1代表空白对照组。②编号2代表微量元素形态为糖蜜发酵液Ⅰ类，施用量为糖蜜发酵液Ⅰ类，300mg/（盆·次）。③编号3代表微量元素形态为糖蜜发酵液Ⅰ类-Fe、Zn，微量元素浓度Fe：$50\mu mol/L$，Zn：$0.76\mu mol/L$。施用量为糖蜜发酵液Ⅰ类-Fe：300mg/（盆·次），糖蜜发酵液Ⅰ类-Zn：1.28mg/（盆·次）。④编号4代表微量元素形态为硫酸盐-Fe、Zn，微量元素浓度Fe：$50\mu mol/L$，Zn：$0.76\mu mol/L$。施用量为$FeSO_4$：11.12mg/（盆·次），$ZnSO_4$：0.176mg/（盆·次）。⑤编号5代表微量元素形态为EDTA-Fe、Zn，微量元素浓度Fe：$50\mu mol/L$，Zn：$0.76\mu mol/L$。施用量为EDTA-Fe：16.8mg/（盆·次），EDTA-Zn：0.264mg/（盆·次）。⑥编号6代表微量元素形态为糖蜜发酵液Ⅰ类-Fe、Zn，微量元素浓度Fe：$25\mu mol/L$，Zn：$0.38\mu mol/L$。施用量糖蜜发酵液Ⅰ类-Fe：150mg/（盆·次），糖蜜发酵液Ⅰ类-Zn：0.64mg/（盆·次）。

(1) 糖蜜发酵液络合微量元素对小白菜长势的影响

如表3-3及图3-14所示，处理1的小白菜叶片脉间失绿，叶色黄化斑驳，株型较小，根量减少，表现出明显的缺铁现象，其叶片SPAD值、株高及地上部鲜重分别较其他处理降低了27%~42%、31%~42%和107%~205%。处理2虽然未施用铁、锌肥，但营养液中保持糖蜜发酵液0.375%的浓度即可满足小白

表3-3　糖蜜发酵液络合微量元素对小白菜生长的影响

编号	SPAD值	株高/cm	地上部鲜重/(g/盆)
1	19.4±4.03[b]	19.4±1.28[b]	26.61±8.25[b]
2	27.2±0.86[a]	27.6±0.90[a]	67.64±10.57[a]
3	25.8±0.91[ab]	26.8±1.53[a]	81.36±4.05[a]
4	25.5±1.39[ab]	26.7±0.75[a]	79.09±5.02[a]
5	24.7±1.95[ab]	25.4±1.15[a]	55.23±11.37[a]
6	27.5±0.53[a]	27.2±0.44[a]	78.60±11.84[a]

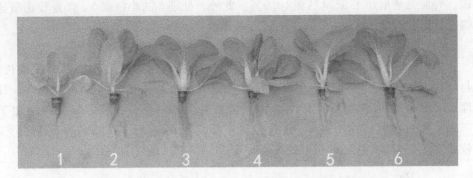

图 3-14　糖蜜发酵液络合微量元素对小白菜长势的影响（彩图见文后插页）

菜对铁、锌营养的需求，植株叶片 SPAD 值和株高与其他处理相比，没有形成显著差异。

当营养液中铁、锌肥施用浓度分别为 $50\mu mol/L$ 和 $0.76\mu mol/L$ 时，施用糖蜜发酵液络合 Fe、Zn（处理 3）的小白菜 SPAD 值、株高和地上部鲜重均高于其他形式铁、锌肥处理，较处理 1 分别增加了 33%、38.1% 和 205.7%。较 EDTA 螯合铁、锌肥（处理 5）分别增加了 4.5%、5.6% 和 47.3%。

(2) 糖蜜发酵液络合微量元素对小白菜 Vc 含量的影响

如图 3-15 所示，处理 1 的小白菜 Vc 含量最高，原因可能是处理 1 的小白菜因缺铁而生长明显受抑，株型较小，造成 Vc 在体内的浓缩累积。此外，施用含糖蜜发酵液的营养液，可以明显提高小白菜 Vc 含量，其中施用 300mg/盆糖蜜发酵液（处理 2）的小白菜 Vc 含量最高，较硫酸盐铁、锌肥（处理 4）处理增加了 66.1%，较 EDTA 螯合铁、锌肥处理（处理 5）增加了 36.1%。

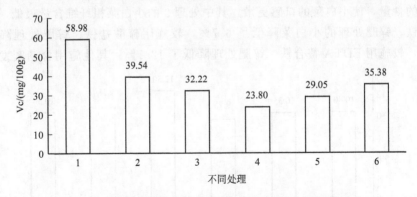

图 3-15　糖蜜发酵液络合微量元素对小白菜 Vc 含量的影响
（数字代表不同施肥处理方式）

当营养液中铁、锌肥施用浓度分别为 $50\mu mol/L$ 和 $0.76\mu mol/L$ 时，施用糖蜜发酵液络合铁、锌肥的小白菜 Vc 含量分别较硫酸盐铁、锌肥和 EDTA 螯合铁、锌肥处理增加了 35.4% 和 10.9%。此外，处理 6 的小白菜 Vc 含量较硫酸盐铁、锌肥处理增加了 48.7%，较 EDTA 螯合铁、锌肥处理增加了 21.8%。

（3）糖蜜发酵液络合微量元素对小白菜可溶性糖含量的影响

如图 3-16 所示，铁肥和锌肥的施用可以促进小白菜可溶性糖含量的增长，与处理 1 相比，其他处理的小白菜可溶性糖含量增长了 27%~80%。其中，处理 2 和处理 6 的小白菜可溶性糖含量分别较处理 1（不施铁、锌肥）增加了 75.5% 和 80.4%，较处理 4（硫酸盐铁、锌肥）处理增加了 23.7% 和 27.1%，较处理 5（EDTA 铁、锌肥）处理增加了 11.7% 和 14.8%。

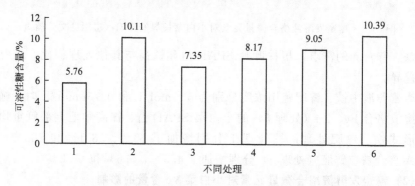

图 3-16　糖蜜发酵液络合微量元素对小白菜可溶性糖
含量的影响（数字代表不同施肥处理方式）

（4）糖蜜发酵液络合微量元素对小白菜粗纤维含量的影响

如图 3-17 所示，施用硫酸盐铁、锌肥处理的小白菜粗纤维含量最高，其次为 EDTA 络合铁、锌肥处理。相反，施用含糖蜜发酵液营养液会降低小白菜粗纤维的含量，使小白菜的口感更嫩，其中处理 3 的小白菜粗纤维含量最低，较不施用铁、锌肥处理的小白菜降低了 6.7%，较施用硫酸盐铁、锌肥处理降低了 28%，较施用 EDTA 螯合铁、锌肥处理降低了 12.1%。其他施用含糖蜜发酵液

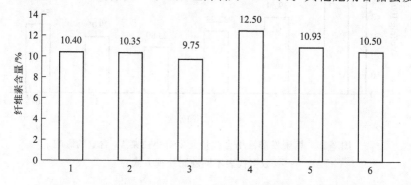

图 3-17　糖蜜发酵液络合微量元素对小白菜粗纤维含量的
影响（数字代表不同施肥处理方式）

营养液处理的小白菜粗纤维含量较硫酸盐铁、锌肥处理、EDTA螯合铁、锌肥处理均有5%～10%的降低，有效提高了小白菜的口感。

(5) 糖蜜发酵液络合微量元素对小白菜植株铁、锌含量的影响

如表3-4所示，处理6的小白菜含铁量最高，分别较不施用铁、锌肥处理，硫酸盐铁、锌肥处理和EDTA螯合铁、锌肥处理增加了124.4%，15%和33.3%。此外，处理6的小白菜含锌量较不施用铁、锌肥处理和EDTA螯合铁、锌肥处理分别增加了157.1%和63.6%。

表3-4　糖蜜发酵液络合微量元素对小白菜植株铁、锌含量的影响

编号	植株含铁量/(mg/株)	植株含锌量/(mg/株)
1	0.41	0.07
2	0.73	0.16
3	0.83	0.22
4	0.80	0.19
5	0.69	0.11
6	0.92	0.18

当营养液中铁、锌肥施用浓度分别为50μmol/L和0.76μmol/L时，施用糖蜜发酵液络合铁、锌处理的小白菜植株含铁、锌量最高，较处理1分别增加了102.4%和214.3%，较硫酸盐铁、锌肥处理分别增加了3.8%和15.8%，较EDTA螯合铁、锌肥处理分别增加了20.3%和100%。

本试验采用通气水培方式种植，研究了糖蜜发酵液络合微量元素对小白菜生长和品质的影响。试验发现，糖蜜发酵液络合铁、锌可以有效促进小白菜生长，提高产量和品质，效果优于其他铁、锌肥处理；硫酸盐铁、锌肥虽然可以满足小白菜对铁、锌的需求，但其处理的小白菜品质较差；而施用EDTA螯合铁、锌肥处理的小白菜长势及品质均较差。

当营养液中铁、锌肥施用浓度分别为50μmol/L和0.76μmol/L时，糖蜜发酵液络合铁、锌肥处理的小白菜产量最高，分别较不施用铁-锌肥处理、硫酸盐铁-锌肥处理和EDTA螯合铁-锌肥处理增加了205.7%、2.87%和47.3%。SPAD值及植株铁、锌含量分别较处理1增加了33%、102.4%和214.3%，较硫酸盐铁、锌肥处理增加了1.2%、3.8%和15.8%，较EDTA螯合铁、锌肥处理增加了4.5%、20.3%和100%；Vc含量分别较硫酸盐铁、锌肥和EDTA螯合铁、锌肥处理增加了35.4%和10.9%，粗纤维含量分别较处理1、硫酸盐铁、锌肥和EDTA螯合铁、锌肥处理降低了6.3%、22%和10.8%。

每盆营养液中仅需要添加300mg糖蜜发酵液（糖蜜发酵液在营养液的浓度为0.375‰），即可满足小白菜对铁与锌的需求，其SPAD值、植株铁、锌含量

分别较处理 1 增加了 40.2%、78% 和 128.6%，较 EDTA 螯合铁、锌处理增加了 10.1%、5.8% 和 45.5%；Vc 和可溶性糖含量分别较硫酸盐铁、锌肥和 EDTA 螯合铁处理增加了 66.1% 和 23.7%，较 EDTA 螯合铁、锌处理增加了 36.1% 和 11.7%；粗纤维含量分别较硫酸盐铁、锌肥和 EDTA 螯合铁处理降低了 17.2% 和 5.3%。即在水培小白菜中，仅施用浓度为 0.375‰糖蜜发酵液即可代替铁、锌肥，且有效地提高品质。

综合几种锌、铁肥及施用浓度来看，以糖蜜发酵液络合铁、锌为铁、锌肥，且施用浓度分别为 25μmol/L 和 0.38μmol/L 时，小白菜长势及品质最好，地上部鲜重、SPAD 值、植株铁、锌含量分别较处理 1 增加了 195.4%、41.8%、124.4% 和 157.1%；较 EDTA 螯合铁、锌处理增加了 42.3%、11.3%、33.3% 和 63.6%；可溶性糖含量较处理 1、硫酸盐铁、锌肥和 EDTA 螯合铁-锌处理分别增加了 80.4%，27.1% 和 14.8%；Vc 含量较硫酸盐铁、锌肥和 EDTA 螯合铁-锌处理分别增加了 48.7% 和 21.8%；粗纤维含量分别较硫酸盐铁、锌肥和 EDTA 螯合铁-锌处理降低了 16% 和 3.9%。

综上所述，糖蜜发酵液络合铁、锌最易促进小白菜对营养元素的吸收，显著提高小白菜产量和品质。糖蜜发酵液络合铁、锌的最佳施用浓度分别为 25μmol/L 和 0.38μmol/L。

3.3.3　有机碳肥对作物抗病、抗逆性的影响

在遇到阴雨天或者自然不可逆的情况下，光合作用几乎停止，空气中的二氧化碳不能被正常吸收转化，农作物的碳营养和碳能源则会下降。小分子有机物可直接为作物提供呼吸作用所需的能源，降低作物因自身能量不足导致的黄叶、减产。液体有机碳富含黄腐酸、氨基酸、脂肪酸、肌醇、维生素、寡糖、低聚糖、生物碱等植物信号分子及生长调节物质，可以提高作物在逆境胁迫下的脯氨酸、植物保护酶（过氧化物酶、多酚氧化酶、苯丙氨酸解氨酶等）活性，进而提高植株在逆境条件下的适应能力[30]。此外，以碳为主要元素的有机酸对有害物质的快速吸附和螯合作用限制或消减了有害物质对农作物的伤害，同时对土壤微生物和植物组织直接补充碳能量，改善了土壤的物理性状，提高含氧量，进而缓解涝害等逆境对作物的危害。本小节通过模拟逆境胁迫，探究有机碳对作物抗病、抗逆性的影响。

课题组探究了氨基酸有机碳提高作物在弱光逆境的肥效试验。本实验采用核苷酸、赖氨酸有机碳、苏氨酸三种供试肥料，选择清水作为空白对照组（CK），小白菜作为供试作物。本试验设置 10 个处理，8 次重复，共计 80 盆。试验时，选择蛭石作为基质，每盆装蛭石 150g，复合肥 0.5g，混匀。待幼苗长至两叶一心时，选用长势一致的幼苗移入盆中，每盆移 1 株；施肥 8d 后，将移好的苗放置在带有遮阳网的架子下，进行弱光处理（CK1 组除外），遮阳网采用封闭状

态。盆栽随机排列摆放；其他同常规管理。试验处理设置为：①空白对照组为CK。施肥方式为基肥0.5g 15-15-15复合肥，追肥：在其他处理施肥时，冲施50mL清水。②编号1、2、3分别代表0.5%、1%、2%浓度的核苷酸，编号4、5、6分别代表0.5%、1%、2%浓度的苏氨酸，编号7、8分别代表0.5%、1%浓度的赖氨酸。稀释倍数分别为200，100，50。施肥方式分别为（编号1，4，7）基肥0.5g复合肥，在移苗后7d开始，每周吸取0.25mL液体肥，兑水50mL，冲施。（编号2，5，8）基肥0.5g复合肥，在移苗后7d开始，每周吸取0.50mL液体肥，兑水50mL，冲施。（编号3，6）基肥0.5g复合肥，在移苗后7d开始，每周吸取1mL液体肥，兑水50mL，冲施。

3.3.3.1 弱光逆境对小白菜生长的影响

从图3-18中可以看出，当小白菜全生长期处于半遮光的环境下，植株株型小而开散，叶片小且向叶背面卷曲，叶色较未遮光处理偏黄；施用氨基酸有机碳可以在一定程度上缓解小白菜由于光照不足而引起的生长受抑，从收获图片可以看出，施用氨基酸处理的小白菜与CK-2相比，株型、叶片均较大。

（1）弱光逆境下，氨基酸有机碳对小白菜株高的影响

从图3-19可以看出，当小白菜施肥8天，将其移入遮阳网下后，小白菜长势平缓，株高略有增长。

（2）弱光逆境下，氨基酸有机碳对小白菜叶片相对叶绿素含量（SPAD）值的影响

从图3-20可以看出，遮光处理前，小白菜叶片SPAD值随种植天数的增加而增加；当其进行遮光处理后，遮光处理的小白菜叶片SPAD值逐渐降低，而未遮光处理（CK-1）则逐渐增加；至收获时，正常生长的小白菜叶色浓绿有光泽，而遮光处理的小白菜叶色偏黄，与未遮光处理相比，遮光处理的小白菜叶片SPAD值下降了13.7%～34.8%。

施用有机碳可以在一定程度上缓解小白菜由于光照不足而引起的叶色黄化。从图3-20可以看出，施用0.5%核苷酸有机碳和1%赖氨酸有机碳的小白菜叶片SPAD值较其他处理高，与CK-2相比，分别增长了15.9%和26.0%。

（3）在弱光逆境下，氨基酸有机碳对小白菜地上部鲜重的影响

从图3-21可以看出，遮光处理能够显著降低小白菜的地上部鲜重。与未遮光处理相比，遮光处理的小白菜株型较小，地上部鲜重降低了29.3%～120.9%。

施用氨基酸有机碳可以显著缓解弱光逆境对小白菜生长的抑制作用，降低弱光带来的损失。与CK-2相比，施用0.5%～2%核苷酸、0.5%苏氨酸和1%赖氨酸可以显著提高小白菜对弱光逆境的适应能力，地上部鲜重显著增加，增幅达41.3%～61.4%。

(a) 施用苏氨酸

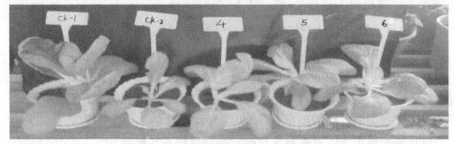

(b) 施用核苷酸

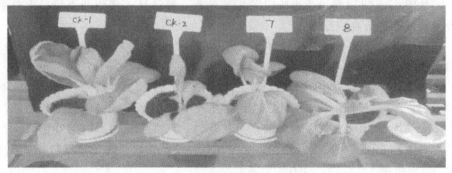

(c) 施用赖氨酸

图 3-18　弱光逆境下施用不同氨基酸对小白菜生长影响收获图（彩图见文末插页）

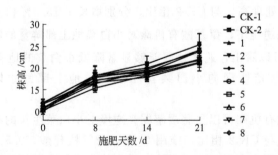

图 3-19　弱光逆境下氨基酸有机碳对小白菜株高的影响（编号分别代表不同处理方式）

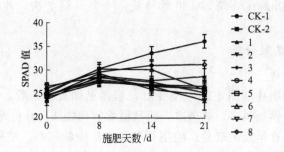

图 3-20　弱光逆境下氨基酸有机碳对小白菜 SPAD 值的
影响（编号分别代表不同处理方式）

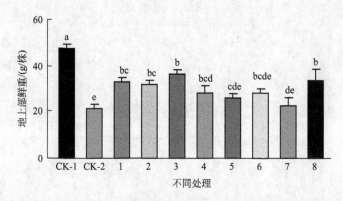

图 3-21　弱光逆境下氨基酸有机碳对小白菜地上部鲜重的
影响（数字代表不同施肥处理方式）

注：图中数据为 8 次重复的平均值±标准误（SE），不同字母表示差异显著（$p < 0.05$）

　　本试验采用全生长期单层遮阳网半封闭遮光处理，试验发现，由于光照遮挡较强，小白菜生长受到严重抑制。与未遮光处理相比，遮光处理的小白菜地上部鲜重降低了 29.3％～120.9％，叶色也受到影响，相对叶绿素含量降低了13.7％～34.8％。

　　施用有机碳可在一定程度上缓解弱光逆境对小白菜生长的抑制作用。与施用清水对照相比，施用 0.5％核苷酸有机碳和 1％赖氨酸有机碳的小白菜叶片相对叶绿素含量分别增长了 15.9％和 26.0％。在产量方面，施用 0.5％～2％核苷酸、0.5％苏氨酸和 1％赖氨酸的小白菜地上部鲜重显著增加了 41.3％～61.4％。

　　同时，课题组探究了氨基酸有机碳对菜心的肥效试验。本试验采用苏氨酸、核苷酸、赖氨酸有机碳液、绿洲有机碳液四种供试肥料，选择清水作为空白对照组（CK），菜心作为供试作物。本试验采用农户露天小区试验，根据有机碳种类设置 4 个处理：苏氨酸、核苷酸、赖氨酸有机碳液、绿洲有机碳肥料和 4 个对照，共计 8 个小区（1.15×7m²/个）。试验时，采用长势一致的小区，有机碳每小区淋施一次 20kg 有机碳 200 倍稀释液，一共淋湿 2 次，收获时拍照，测定产量。

3.3.3.2 结果分析

(1) 长势分析

从小区试验图片（图 3-22～图 3-26，彩图见插页）来看，未施用氨基酸有机碳的菜心长势参差不齐，缺苗多，而且植株茎秆较细，叶色发黄，叶片大小不一，开花较多，有早衰的现象；施用氨基酸有机碳的菜心，植株长势均匀良好，缺苗很少，植株茎秆粗壮，叶片大小适中，叶色鲜绿，卖相明显优于对照组。

(a) 对照组　　　　　　　　　(b) 施用苏氨酸有机碳组

(c) 对照组单株　　　　　　　(d) 施用苏氨酸有机碳组单株

图 3-22　对照组与施用苏氨酸长势比较（彩图见文末插页）

(a) 对照组　　　　　　　　　(b) 施用赖氨酸组

图 3-23　对照组与施用赖氨酸长势比较（彩图见文末插页）

(a) 对照组   (b) 施用核苷酸组

图 3-24　对照组与施用核苷酸长势比较（彩图见文末插页）

(a) 对照组   (b) 施用绿洲组

图 3-25　对照组与施用绿洲长势比较（彩图见文末插页）

图 3-26　施用赖氨酸、核苷酸和绿洲长势比较（彩图见文末插页）

(2) 产量分析

从图 3-27 可以看出，施用氨基酸有机碳可以促进菜心产量。与相应对照相比，施用苏氨酸、赖氨酸、核苷酸和绿洲的菜心分别增加了 147.83％、172.97％、82.46％和 86.36％。施用氨基酸有机碳的菜心产量也明显优于绿洲有机碳。

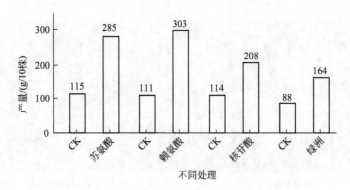

图 3-27 施用有机碳对菜心产量的影响

本试验共 17 天,期间大雨 1 天,阵雨 13 天,大部分时间处于高温雨天环境,试验期雨水多,土壤湿度大,高温雨天致土壤温度变化大,雨水同时也对菜心产生较大的机械损伤。以上因素对菜心生长产生破坏作用,因此对照组菜心长势相对较差,也是高温多雨季节广东省叶菜生长不良、供应紧张、菜价高的主要原因。

综合本试验,在高温多雨季节,施用有机碳可以体现如下优势:①显著提高菜心的产量;②叶色绿,厚实,提高菜心的卖相,增加农户收入;③显著促进生根系生长;④降低苗死亡率,长势较整齐;⑤避免黄化,抗早衰。

3.4 有机碳肥的应用及其开发意义

3.4.1 有机碳肥的应用

作为目前世界上人口最多的国家,我国对粮食和农作物的需求很大,随着人民生活水平的提高,我国对农产品的需求量也随之增加,使得农业生产也朝着高产、优质、高效的方向发展。农业的发展离不开肥料的支撑。改革开放以前,我国农业主要以施加农家肥为主。改革开放以后,随着工业的快速发展,化肥工业也随之崛起,化肥在农业生产中占据了主要地位。然而随着化肥长期大量的使用,出现了耕地板结严重、河流湖泊等水源污染、土壤生物种群遭受破坏、病虫害易发等问题,人类的生命安全也受到严重的影响[31]。

如今我国日益注重环境保护和农业的可持续发展,这就要求化肥产业也要向着高效性能、低碳节能工艺和新原料开发,技术的发展方向要向此转型。有机碳肥是一种环境友好型肥料,不仅含有高效肥力,且能改变土壤性质和高效供给植物碳营养，具有原料易得、成本低、投资少、效益好等优点。制备有机碳肥的原料一般为含有大量组纤维和蛋白质的生物或者工业废弃物，糖蜜废液富含水、有机质及各种植物生长所需的营养物质，是一种制造有机碳肥料的优质原料[32]。糖蜜废液是一种有机废水，直接排放会对环境造成很大的影响，利用糖蜜废液制造有机碳肥料，不仅变废为宝开发有价值的新能源，而且将对环保事业和高效生态农业作出巨大贡献[33]。

周瑞芳[34]利用甘蔗糖蜜废液及甘蔗尾叶为原料，通过添加适宜的微生物菌剂进行发酵生产腐殖酸有机碳肥，不仅降低甘蔗糖蜜酒精废液及其甘蔗尾叶对环境的污染，而且还实现了二者的资源化利用。研究表明施用此腐殖酸有机碳肥的甘蔗，茎径、株高、株重、糖分锤度、叶片叶绿素总量、叶片可溶性蛋白含量、茎节可溶性蛋白含量、叶可溶性糖含量、茎可溶性糖含量等均比对照组高。实验结果表明，施用发酵腐殖酸有机肥可以有效增加甘蔗的产量，延长甘蔗的光合作用。

李荣珍等[35]介绍了广西农垦糖业集团股份有限公司的一种甘蔗糖蜜酒精废液生产液态生物有机肥的资源化利用的工艺技术路线和生产方法。技术路线图见图 3-28。

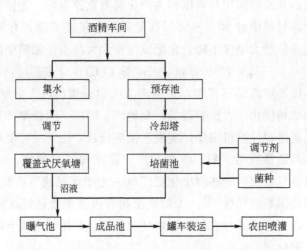

图 3-28 糖蜜酒精废液生产液态生物有机肥技术路线图

喷施此液态生物有机肥后的宿根蔗能迅速补充土壤水分和速效养分，促进蔗株早生快发，蔗苗粗壮，整齐。农垦糖业利用糖蜜酒精废液生产液态生物有机肥项目可实现 COD 减排量高达 10.22 万吨，具有很好的环境效益、企业效益和社会效益。

江永等[36]利用多孔吸附剂、分散剂等处理经浓缩（70°Bx）糖蜜酒精废液，并选择合适物料，采用挤压法造粒研制甘蔗有机复混肥料获得成功（图 3-29）。经田间试验表明，该肥料能比通用型无机复混肥提高甘蔗分蘖率，增加单位面积有效茎数，促进甘蔗提早拔节，增加前中期伸长速度，减缓后期伸长速度；可增加甘蔗单产和提高甘蔗蔗糖分；可提高土壤速效钾含量；对甘蔗萌芽出苗和蔗作土无不良影响。

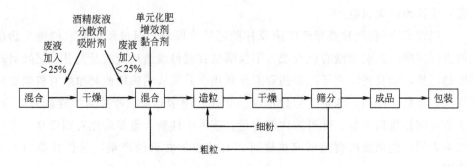

图 3-29　糖蜜酒精废液生产有机复混肥工艺流程

3.4.2　有机碳肥的开发意义

有机碳肥的开发与应用对我国相关产业具有重要影响。①循环经济和节能减排：有机碳肥原材料中有 80%～90%都是固液有机废弃物，有机碳肥的产业化可以使我国碳排放量大幅度下降，化肥流失量大大减小。如果全国年产有机碳肥（以有效碳 EC＝10%计）7000 万吨，可减排 COD 800 多万吨，化肥少损失 900多万吨，能够促进资源循环利用，为生态文明建设作出巨大贡献[37]。②促进企业技术改造和结构优化：大型养殖场，制糖厂、酒厂、味精酵母厂、造纸厂、制药厂等，可以通过建设有机碳肥厂实现污染零排放，还可一厂变两厂，效益大大提升。③产出高质量有机碳肥：大化肥厂产品结构经过调整，可生产"棕色化肥"等高质量有机碳肥，能够解决化肥厂单一生产化肥或生产有机（加有机肥）无机复混肥销售困难的局面[38]。④解决植物有机营养管道输送难题，促进设施农业大发展。⑤促进城镇和农村生活垃圾的资源化利用，使城乡环境更美，农产品供应更丰富更健康。

有机碳肥是一种创新型的肥种，它是一种高有机营养肥效的肥料，有多功能、多效应的作用。有机碳肥适合解决当前我国农业面临的一系列问题，如耕地贫瘠、农作物缺碳以及环境污染等[39]。有机碳肥的原料来自固液有机废弃物，原料取之不尽，生产过程耗能较低，不产生二次污染，可发展成全国性大产业，解决我国垃圾围城、污水横流等环境污染问题。此外，面对大量有机废弃物，可以顺势而为建立起大物质循环体系。有机碳肥产业，结合有机碳肥技术改造的化肥、有机肥、微生物肥料等产业，再加上有机碳肥技术，能够将大量分散的有机废弃物就地处理，制成肥料，形成对我国耕地多渠道多层面的沃土肥田覆盖，从而解决我国耕地贫瘠等问题[40]。

有机碳肥必将发展成我国传统有机肥的升级替代品，预计在未来二十五年内与有机肥（包括农家肥）平分天下，各占 10 亿亩左右耕地，成为继传统有机肥、三大化肥之后的我国第五大肥种。有机碳肥技术是一项强国富民的创新技术，它将推动农业发展，告别"化学农业耕作"方式，走上土壤肥料阴阳平衡、农作物优质高产、农业环境日益改善的健康发展之路，创造世界农业发展史的奇迹！

参 考 文 献

[1] 舒绪刚，陈彬，张敏，等．一种高浓度赖氨酸发酵废液制备有机碳肥的方法 [P]．中国专利：CN105777221A，2016-07-20．

[2] 刘千里．有机碳肥对农业到底有多重要 [J]．农资与市场，2016，(8)：64-67．

[3] 张明凯．有机碳肥对作物的重要性及其应用 [N]．山东科技报，2017-05-22．

[4] Erdem Yilmaz，Mehmet Sönmez．The role of organic/bio-fertilizer amendment on aggregate stability and organic carbon content in different aggregate scales [J]．Soil & Tillage Research，2017，168：118-124．

[5] 马彦平．有机碳肥尝试补天缺 [J]．化工管理，2014，(12)：55-57．

[6] Ella Wessén，Nyberg K，Jansson J K，et al．Responses of bacterial and archaeal ammonia oxidizers to soil organic and fertilizer amendments under long-term management [J]．Applied Soil Ecology，2010，45 (3)：193-200．

[7] Fan H M，Wang X W，Sun X，et al．Effects of humic acid derived from sediments on growth，photosynthesis and chloroplast ultrastructure in chrysanthemum [J]．Scientia Horticulturae，2014，177：118-123．

[8] Li R，Tao R，Ling N，et al．Chemical，organic and bio-fertilizer management practices effect on soil physicochemical property and antagonistic bacteria abundance of a cotton field：Implications for soil biological quality [J]．Soil and Tillage Research，2017，167：30-38．

[9] Brunetti G，Plaza C，Clapp C E，et al．Compositional and functional features of humic acids from organic amendments and amended soils in Minnesota，USA [J]．Soil Biology and Biochemistry，2007，39 (6)：1355-1365．

[10] 谭文兴，蚁细苗，钟映萍，等．糖蜜酒精废液资源化利用的研究进展 [J]．甘蔗糖业，2014，(5)：60-65．

[11] 李瑞波，吴少全．生物腐殖酸与有机碳肥 [M]．北京：化学工业出版社，2014．

[12] Safaei Z，Azizi M，Davarynejad G，et al．The effect of foliar application of humic acid and nanofertilizer (Pharmks®) on yield and yield components of black cumin (Nigella sativa L.) [J]．Journal of Medicinal Plants & by Products，2014，2：133-140．

[13] 耿兵．生物腐植酸与碳循环 [J]．腐植酸，2017，(4)：84．

[14] 如珍，董玉红，丁之铨，等．糖蜜发酵酒精废液生产生化黄腐酸的高产工艺参数优化 [J]．林业科学，2016，52 (10)：89-95．

[15] 谭宏伟, 周柳强, 谢如林, 等. 蔗糖生产中的有机废弃物资源化利用研究 [J]. 大众科技, 2016, 18 (5): 110-112.

[16] 徐钢. 糖蜜酒精废液污灌对土壤质量的影响 [D]. 南宁: 广西大学, 2007.

[17] 姚毅. 甘蔗糖蜜资源化应用现状分析及前景展望 [C] // 中国农业生态环境保护协会会议论文集, 2007: 706-708.

[18] Dietrich O F. Liquid and/or solid, nitrogen-containing organic fertilizer, obtained by reacting humus, humic acid or its salt and manure [P]. DE10120372, 2002-10-31.

[19] 郑业鹏, 朱文凤, 郭威敏. 赤泥与糖蜜酒精废液混合掺杂发酵制备土壤 [J]. 桂林理工大学学报, 2012, 32 (1): 109-114.

[20] 陈串, 孙保平, 张建锋, 等. 有机碳菌剂对4种植物肥料利用率和根系形态的影响 [J]. 水土保持学报, 2017, 31 (4): 272-276+284.

[21] 马光庭, 韦平英, 卢安根, 等. 糖蜜酒精废液生产生态复合菌肥的应用 [J]. 中国糖料, 2004, (2): 10-13.

[22] 穆光远, 陈彬, 阚学飞, 等. 一种提高农产品品质的微生物复合肥 [P]. CN106116834A, 2016-11-16.

[23] 张运森. 一种复合肥料的制造方法及其产品 [P]. CN101993270A, 2011-03-30.

[24] 张敏, 陈彬, 舒绪刚, 等. 利用苏氨酸发酵废液制备营养肥料的方法及营养肥料 [P]. CN107573131A, 2018-01-12.

[25] 舒绪刚, 陈彬, 张敏, 等. 一种利用糖蜜酒精废水制备的有机碳肥及其制备方法 [P]. CN105801243A, 2016-07-27.

[26] Chen X, Kou M, Tang Z, et al. Responses of root physiological characteristics and yield of sweet potato to humic acid urea fertilizer [J]. Plos One, 2017, 12 (12): e0189715.

[27] 钟宏科, 沈丽英, 施刘砚. 生物有机碳肥在大白菜上的施用效果 [J]. 磷肥与复肥, 2020, 35 (01): 47-48.

[28] Mondini C, Cantone P, Marchiol L, et al. Relationship of available nutrients with organic matter and microbial biomass in MSW compost amended soil [M] // Improved Crop Quality by Nutrient Management. Springer Netherlands, 1999.

[29] 付红梅, 曹华, 温从育. 有机碳肥对油茶林地土壤养分和产量的影响 [J]. 江苏林业科技, 2017, 44 (3): 31-34.

[30] Chen C, Sun B P, Zhang J F, et al. Effect of organic carbon fertilizer on fertilizer utilization rate and root morphology of four plants [J]. Journal of Soil & Water Conservation, 2017, 31 (04): 272-276+284.

[31] Vaccari G, Tamburini E. Sgualdino G, et al. Overview of the environmental problems in beet sugar processing: Possible solutions [J]. Journal of Cleaner Production, 2003, 13 (5): 499-507.

[32] 周祖光. 糖蜜酒精生产废醪液资源化利用探析 [J]. 环境科学与技术, 2005, 28 (2): 98-100.

[33] Wang B, Li B, Zeng Q, et al. Antioxidant and free radical scavenging activities of pigments extracted from molasses alcohol wastewater [J]. Food Chemistry, 2008, 107 (3): 1198-1204.

[34] 周瑞芳. 利用甘蔗糖蜜酒精废液及甘蔗尾叶发酵生产腐殖酸有机肥 [D]. 南宁: 广西大学, 2014.

[35] 李荣珍, 杨宇格. 利用糖蜜酒精废液生产液态生物有机肥 [J]. 广西糖业, 2014, (1): 41-46.

[36] 江永, 黄福申. 糖蜜酒精废液生产甘蔗有机复混肥的研究初报 [J]. 甘蔗糖业, 2000, (4): 22-28.

[37] Juan Y, Chao-Bing D, Xiao-Fei W, et al. Effects of long-term application of vinasse on physico-chemical properties, heavy metals content and microbial diversity in sugarcane field soil [J]. Sugar Technology, 2018, 21 (1): 62-70.

[38] 陈彬，毛莲花，张敏，等．一种利用糖蜜酒精废水制备的液体有机微肥及其制备方法 [P]. CN106631326A，2017-05-10.

[39] Manna M C, Swarup A, Wanjari R H, et al. Long-term effect of fertilizer and manure application on soil organic carbon storage, soil quality and yield sustainability under sub-humid and semi-arid tropical India [J]. Field Crops Research, 2005, 93 (2-3)：264-280.

[40] 如珍，董玉红，丁之铨，等．糖蜜发酵酒精废液生产生化黄腐酸的高产工艺参数优化 [J]. 林业科学，2016，52 (10)：89-95.

第4章
利用糖蜜废液开发饲料资源

随着我国经济的高速发展，人民物质生活水平逐渐提升，人们对优质肉食品需求急剧增加，尤其是对营养价值高的动物蛋白质的需求，因而刺激了畜牧业的发展。而依靠常规的饲料资源已远远不能满足畜牧业快速发展的需要，开发非常规饲料资源迫在眉睫。近年来，有学者研究发现，工业废水中的糖蜜废液富含营养物质（碳水化合物、蛋白质、脂肪、维生素与微生物菌体等），是一种优质的饲料资源，或者可利用其作为原料进一步开发微生物生产单细胞蛋白饲料。利用废弃资源开发新型动物饲料资源，不仅能缓解我国饲料资源短缺现象，还可以避免资源浪费，降低养殖成本，减轻对环境的污染，对废弃资源再利用和环境保护都具有重要意义。可见，此方面的相关研究非常有经济价值和社会效益，开发前景也十分可观[1]。

本章主要就利用糖蜜废液开发饲料资源的相关研究资料进行综合论述，阐述糖蜜废液制作禽畜饲料的生产工艺以及功能特点和运用现状，同时对其开发饲料资源时存在的问题以及未来发展前景进行分析。希望读者对利用糖蜜废液开发饲料资源有更深刻的理解，并能为相关研究与应用提供科学的参考和借鉴。

4.1 利用糖蜜废液开发饲料及其生产工艺

糖蜜废液来源不同，其所含的营养物质有所差异，需根据其实际特性而采取不同的生产工艺。根据大量的科学研究文献和生产实践资料，在本节主要将利用糖蜜废液制作的动物饲料资源分为三大类型：①将糖蜜废液直接浓缩提取其中的干物质制作成干饲料，这是较为简单的处理方法；②利用糖蜜废液培养酵母、食用菌丝、螺旋藻等微生物，进一步生产发酵蛋白饲料；③通过提取糖蜜废液中腐植酸、甜菜碱等活性成分，可作为饲料添加剂。糖蜜废液开发饲料资源会面临开发的各类饲料组分不同、生产的工艺及其营养价值有所差异、无法确定生产运用中能达到的效果等问题。因此本节根据相关的研究资料对此类问题进行详细的分析介绍。

4.1.1 制作干饲料

(1) 主要成分与营养价值

在本节所论述的干饲料特指从糖蜜废液中提取出的干物质成分,主要有两种途径。一种是把酒精废液蒸馏成一定浓度,通常为干物质的 50% 以上。这种浓缩物的营养成分与糖蜜有相似之处,可用作反刍动物的饲料,也可代替一部分糖蜜使用。干物质含量为 60% 的废液浓缩物,其糖分含量为 15%~20%。若把酒精蒸馏废液浓缩到干物质含量为 65%~70%,其营养价值相当于相同质量糖蜜的 65%,而糖蜜的饲养价值又相当于玉米的 80%,也即酒精蒸馏废液浓缩物的饲养价值约相当于玉米的 50%。据国外报道,含干物质 65% 的酒精蒸馏废液浓缩物可占反刍动物日粮的 10%,其可消化物质在 50%~60% 之间[2]。因此,酒精蒸馏废液浓缩物制成的干饲料不仅可直接供给畜牧场,加入日粮中饲喂,而且可作为配合饲料的组分之一,或作为颗粒饲料的黏合剂,用于制作颗粒饲料[3]。另一种主要是从糖蜜废液中提取干菌体蛋白。以从味精废液提取谷氨酸菌体为例,在糖蜜味精发酵废母液中滞留了大量的谷氨酸菌体,利用固液分离提取干燥后,可制成粗蛋白含量 70% 以上的高质量蛋白,当然,不同制备工艺其含量会略有差异[4]。此类菌体蛋白氨基酸含量较丰富但比例不平衡,谷氨酸含量最高,可提高饲料的鲜味,增强诱食作用。与鱼粉相比,多数氨基酸含量低于相应的氨基酸含量,但略高于或相当于豆粕中氨基酸的含量[5](表 4-1),同时含有丰富的维生素、酶、促生长因子、矿物质和碳水化合物,有助于提高饲料效率,张号杰等[6]在猪日粮中添加 2%、3% 和 4% 的谷氨酸菌体蛋白,研究其对浙江嘉兴杂交猪的影响,结果发现:与对照组相比,3% 组和 4% 组猪群食欲旺盛,猪群表现安静,活动次数少,猪体皮毛细短油亮,皮肤红润而光滑,日增重增加和料肉比降低;同时柯祥军等[7]在肉鸡日粮中添加 10% 的谷氨酸菌体蛋白研究表明,与玉米-豆粕型日粮相比,试验组对提高肉鸡的采食量、日增重无显著影响,

表 4-1　谷氨酸菌体蛋白常规营养成分含量　　　　　　　　　　单位:%

名称	干物质	粗蛋白质	粗脂肪	灰分	粗纤维
谷氨酸菌体蛋白	89.6	70.1	4.3	3.1	0.3
啤酒酵母	91.7	52.4	0.4	4.7	0.6
鱼粉	90.0	53.5	10.0	20.8	0.8
豆粕	89.0	47.9	1.5	4.9	3.3

注:数据来自马猛华等[5]。

但可以显著降低料肉比，降低腹泻率；孙宇等[8]在奶牛日粮中添加5％和15％的味精菌体蛋白替代日粮中部分蛋白质饲料，结果显示：奶牛粗饲料采食量增加，减缓热应激造成的产奶量下降幅度，且对牛奶品质的影响作用不大。可见其在畜禽生产中具有较高的饲用价值。

(2) 主要生产工艺

生产工艺是影响干饲料营养价值的主要因素之一，而对于利用糖蜜酒精废液直接提取干物质的生产工艺较为简单，这里主要以糖蜜味精废液提取谷氨酸菌体蛋白的主要工艺为例进行详细介绍。目前其提取工艺主要有三种，分别为从味精废液中直接提取、等电（点）母液中提取和等电点-离子交换（等电离交）母液中提取，其中等电离交母液中提取最为常用[9]。

① 从糖蜜味精废液中直接提取谷氨酸菌体蛋白。从味精废液中直接分离出湿菌体，然后干燥、粉碎制成谷氨酸菌体蛋白干饲料，该法目前较少采用。运用高速离心等设备和工业技术从味精废液中提取菌体蛋白，不仅达到回收味精菌体蛋白的目的，还可以提高谷氨酸一次等电点回收率并且改善谷氨酸晶体质量，该法在味精生产上值得推广运用，其主要生产工艺的流程见图4-1。

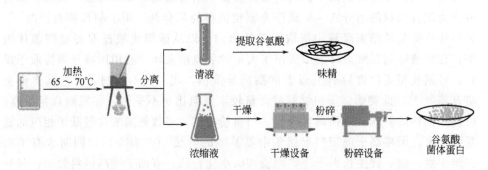

图 4-1　味精废液直接提取谷氨酸菌体蛋白生产工艺流程

② 等电母液中提取谷氨酸菌体蛋白。等电点提取谷氨酸后，在等电母液中加絮凝剂或其他方法提取谷氨酸菌体蛋白，该法目前处于理论阶段，生产上尚待验证实施，其主要生产工艺流程见图4-2。

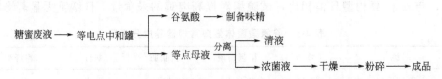

图 4-2　等电母液中提取谷氨酸菌体蛋白生产工艺流程

③ 等电离交母液中提取谷氨酸菌体蛋白。等电点-离子交换提取谷氨酸后，再从离交母液中提取谷氨酸菌体蛋白。这是目前大多数味精厂都采用的方法，其生产主要工艺流程见图4-3。

图 4-3　等电离交母液中提取谷氨酸菌体蛋白生产工艺流程

　　例如某味精厂将来自生产车间的味精母液暂存收集池中，然后排入调节池，接着用泵打入蛋白提取罐并且加入絮凝剂，待分层，将下层废水排放到污水池中，取上层湿蛋白排至蛋白池中，经料浆泵打入蛋白储罐中，经带式压滤机进行一级脱水，除去 30%～40% 的水分，滤液排至滤液储罐，经滤液泵排至污水池，滤出的蛋白卸入物料桶，经电动葫芦提升，卸入给料斗内，再加到空心浆液干燥机中，进行二级脱水，除去 10%～20% 的水分，最后将含水量小于 50% 的蛋白送到气流干燥机中进行干燥，干蛋白排放至蛋白储罐，经包装即为成品。提取味精菌体蛋白的大致工艺流程见图 4-4。

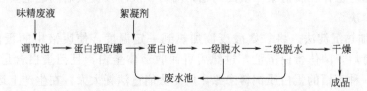

图 4-4　某味精厂提取味精菌体蛋白的大致工艺流程

　　三种生产工艺大同小异，主要差异还是体现在提取方法上。根据谷氨酸菌体的特点，运用于菌体分离的方法主要包括：高速离心法、絮凝沉降法、膜分离法和加热沉淀法。目前比较常用的分离方法有高速离心法和絮凝沉降法。

　　a. 高速离心法。谷氨酸菌体小，普通离心机不能使其很好分离，必需采用高速离心方法。目前常用进口的碟片离心机进行分离菌体，同时一般与蒸发浓缩法一起使用，以回收味精废水中的菌体蛋白。该技术在国外一些发达国家已有成套的设备，国内也已有成熟的经验，比如上海冠生园天厨食品有限公司采用进口的碟片离心机高速离心分离菌体，取得了良好的环境效益和经济效益。据分析，其所得的味精菌体蛋白粗蛋白高达 75%，灰分低于 5%，且含有 16 种氨基酸，产品可作为高效价蛋白饲料添加剂，代替进口鱼粉。此法具有处理量大、可连续运行等优点，但是也面临着设备的投资费用较大、运行能耗高等挑战。

　　b. 絮凝沉淀法。絮凝不能单独使用，必须和沉淀法或气浮法结合，构成絮凝沉淀或絮凝气浮，是分离谷氨酸菌体的主要方法之一。以絮凝沉淀法为例，絮凝沉淀法指的是在糖蜜谷氨酸废液中加入锅铁等无机絮凝剂或壳聚糖等高分子絮凝剂，使谷氨酸菌体呈絮状聚集成团，使其密度增大从而沉降下来，得到谷氨酸菌体产品。例如黎海彬等选用石灰乳作味精废水的中和剂，以碱式氯化铝（BAC）和阴离子型聚丙烯酰胺（APAM）作复合絮凝剂，从味精废水中分离菌体蛋白。由于加入絮凝剂和助凝剂后制得的味精菌体蛋白中蛋白含量低于超速离心法分离下的，且粗灰分含量较高，因此提取菌体蛋白时要选择絮凝效果好、用量少和无毒害的絮凝剂，同时也要控制好温度、pH 值、金属离子等操作条件。

c. 膜分离法。目前运用于谷氨酸废液处理的膜分离法主要为超滤，味精废液中谷氨酸菌体的大小为 700～1000nm，因此一般采用膜孔径大小为 800～1000nm 的高分子膜材料，利用流体压力，透过溶液和尺寸小的溶质分子，使谷氨酸菌体被完全截留。据相关实验证明，在温度为 50℃、压力 0.25～0.3MPa 和浓缩倍数 5 倍左右的条件下，采用超滤膜处理味精废液的效果较理想。超滤技术作为一种新兴的分离技术，具有设备简单、占地面积小和能耗低等优点，且分离效果好，对菌体的提取率可以超过 99%，但超滤膜的使用寿命、膜的性能、材质和膜的堵塞、清洗方法和处理量等问题还有待于深入研究开发。超滤技术在分离菌体时也存在膜污染严重的问题，同时一次性投资大的问题也要在生产实际中予以解决。

d. 加热沉淀法。将谷氨酸废液加热到一定温度，使废液中的蛋白质变性，冷却静置后，菌体蛋白沉淀，过滤后可回收菌体蛋白，且粗蛋白含量在 50% 以上，是一种不错的蛋白质饲料来源，但此法能量消耗太大，在生产上运用有一定的挑战性，如果能做好热能的循环利用，将是一种简单易行的提取味精菌体蛋白的可行方法。

4.1.2 制作发酵蛋白饲料

(1) 主要成分与营养价值

本节所论述的发酵饲料是指以糖蜜废液为主要原料，额外补充菌体生长所需要的营养物质，在适宜的培养条件下而获得菌体蛋白作为饲料产品的一种单细胞蛋白饲料，而单细胞蛋白（single cell protein，SCP）亦称微生物蛋白、菌体蛋白，是指细菌、真菌和微藻在其生长过程中利用各种基质，在适宜的培养条件下培养细胞或丝状微生物个体而获得的菌体蛋白，其营养丰富、蛋白质含量较高，且含有 18～20 种氨基酸，组分齐全，不亚于动物蛋白质。如酵母菌体蛋白，其营养十分丰富，人体必需的 8 种氨基酸，除蛋氨酸外，它具备 7 种，故有"人造肉"之称。一般 10～15g 的干酵母即可满足成人一天的蛋白质需求量。同时还含有丰富的碳水化合物以及脂类、维生素和矿物质，因此单细胞蛋白营养价值很高[10]。与黄豆粉相比，蛋白质含量高出 15%，其可利用氮比大豆高 20%，如添加蛋氨酸则可利用氮达 95% 以上。与豆粉相比，单细胞蛋白的蛋白质含量高出 10%～20%，可利用氮比大豆高 20%，在有蛋氨酸添加时可利用氮甚至能超过

95%，相关蛋白含量比较见表4-2[11]。除此之外，单细胞蛋白饲料的生产具有繁育速度快、生产效率高、占地面积小、不受气候影响等优点。

表 4-2　单细胞蛋白同几种蛋白食品的蛋白含量比较　　　　单位：%

品名	蛋白质含量	可利用蛋白的比率
细菌单细胞蛋白	80	80 以上
酵母单细胞蛋白	60	70～88
白地霉单细胞蛋白	46	80 以上
大豆粉	42	60
肉、鱼、奶酪	20～35	65～80～70
谷物	8～14	50～70
鲜鸡蛋	12	94
鲜牛乳	3～4	82

注：数据来自赵芯[11]。

（2）主要生产工艺

发酵饲料生产过程中较为关键的调控点在于发酵过程，根据培养基的不同，发酵可分为固体发酵和液体发酵，固体发酵对液体发酵优缺点比较见表4-3。

表 4-3　固体发酵对液体发酵优缺点比较

优点	缺点
用水量少，无三废排出，易处理	菌株必须具有耐水性
设备简单，投资低，易于操作	发酵速度缓慢，周期性长
实验材料价格低廉，易于获取	微生物所含物质成分复杂
产物浓度较高，后处理方便	产品少，工艺操作消耗劳动力多，强度大

液体发酵主要以糖蜜废液为主要的发酵培养基，补充一些氮源、无机盐等营养素，加入经斜面培养基扩大培养的菌体进行综合发酵，从而获得以菌体蛋白为主的饲料蛋白成品。具体生产工艺流程见图 4-5。在通风量固定的条件下，控制好稀释比，就可使菌体的生长处于对数期，从而可以更好地降低 COD 浓度。但其通风需要的能耗较大，糖蜜废液若未经浓缩，其菌体浓度相对较低，因此细胞的分离和干燥所需要的成本将相对较高，但其具有产量大、机械化程度高、易于

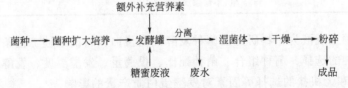

图 4-5　液体发酵生产蛋白饲料的工艺流程

监控、便于工业化生产等特点，因此其生产规模和产量方面都大大超过固体发酵[12]。

固体发酵是指微生物在没有或者几乎没有游离水的固态的湿培养基上的发酵过程。固态的湿培养基一般含水量在 30％～70％，主要由糖蜜浓缩液和经过粉碎、蒸煮后的蔗渣以及额外补充的一些营养素组成，其余的工艺与液体发酵类似，详细见图 4-6。

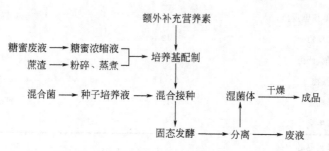

图 4-6　固体发酵生产蛋白饲料的工艺流程

在整个生产工艺中，发酵过程的好坏是决定最终产品质量优劣的重要因素，同时不可忽视单细胞蛋白中核酸的含量，特别是 RNA 的量，以下是一些降低单细胞蛋白中核酸含量的方法比较，见表 4-4。

表 4-4　降低单细胞蛋白中核酸含量的方法比较

方法	优点	缺点
生长和细胞生理学（限制生长速率，限用某种底物）	仅适用于发酵设计	降低成本作用有限
催化水解	简单，快速	有质量损失，需添加氮和盐类，pH 值过高不利
化学萃取	简单，快速，能除去聚合物的 RNA	有化学残渣，质量和氮均有损失
细胞破裂（物理分离，酶催化，化学处理）	只用于需要蛋白质浓缩液时	不经济，需其他特殊处理
外源核糖核酸酶	快速，简单，酶选择性好	酶的成本高、来源少，有干物质损失
内源核糖核酸酶，热振荡，阴离子交换等	简单，细胞直接由发酵器中产生，不需添加化学药品	失重，慢，只能处理某些细胞

在以糖蜜废液为原料研究混菌种发酵提取蛋白饲料的最佳工艺条件时，应特别注意菌种的选择、菌种组合、菌种配比、投菌量、发酵温度、发酵浓度、发酵 pH、氮源和无机盐的选择等因素对发酵蛋白质产量的影响[13]。

① 菌种的选择。微生物发酵生产蛋白饲料，菌种是关键。作为微生物蛋白

饲料的生产菌种，其主要原则为：a. 对所要处理的饲料原料作用要大；b. 菌种细胞及代谢产物对动物无毒副作用；c. 对其他菌株不拮抗；d. 繁殖快、性能稳定、不易变异；e. 对环境适应性强。作为 SCP 生产菌，除了具备无生理毒性的最基本特征外，菌体生长速度、生物量、菌体蛋白含量等是影响生产率的最主要因素。因此，选择菌种用于发酵生产 SCP 时，一定要对菌种性能进行测定。

目前用于生产单细胞蛋白的微生物主要包括 4 大类群，即非致病和非产毒的酵母菌、细菌、真菌和微藻；主要细菌有乳酸乳杆菌、粪肠球菌、双歧杆菌、光合细菌、芽孢杆菌、纤维素分解性细菌等；主要酵母有啤酒酵母、产朊假丝酵母、热带假丝酵母、解脂假丝酵母等；主要霉菌有根霉、曲霉、青霉和木霉等；主要担子菌有小齿薄耙齿菌及柳叶皮伞，还有大量食用真菌如香菇、木耳等；主要微藻有螺旋蓝藻和小球藻等。

同时，对于液体发酵和固体发酵所选择的菌种又有所差异，需根据生产需要和废液特点进一步分析选择，例如固体发酵中还应多添加针对蔗渣分解的粗纤维混合菌等。

② 菌种组合、比例和投放量。据文献报道，在不同的组合菌种中，热带假丝酵母、白地霉和产朊假丝酵母混合发酵得到的产物微生物量最高；从发酵后物料表现状况来看，上述三种菌混合发酵，培养瓶瓶口布满洁白菌丝，有浓郁的酒香及白地霉特有的芳香气味。这可能是由于霉菌同化淀粉和纤维素的能力较强，可将废液中淀粉和纤维素降解为酵母能利用的单糖、双糖等简单糖类物质，使酵母良好地生长繁殖，达到生物转化蛋白饲料的效果。采用两种或两种以上微生物发酵，体现了微生物之间的互惠、偏利生等关系。该发酵形式对各种原料的有效转化和蛋白饲料的品质提高均起到了积极重要的作用。

根据已经确定的菌种组合，例如在废液培养基中按照不同的菌种比例接入白地霉、热带假丝酵母和产朊假丝酵母的混合菌种，投菌量为 10%，研究混合菌种发酵产物的微生物量。当白地霉、热带假丝酵母和产朊假丝酵母之间的比例为1∶1∶1时，发酵后微生物量最高。从发酵结果来看，若接入白地霉过多，则发酵料有较浓的霉味，使得饲料的香味和色泽受到一定影响。若接入的白地霉过少，则菌株分泌的纤维素分解酶、淀粉酶等酶不足，不利于废糖蜜的分解，分解出的葡萄糖和其他可发酵性糖过少，导致热带假丝酵母和产朊假丝酵母的繁殖效率降低。因此，恰当的接种比例使各微生物在发酵过程中具有良好的协同作用。

投菌量对实验结果有一定的影响，例如在液体培养基中接入不同量的白地霉、热带假丝酵母和产朊假丝酵母混合菌种（1∶1∶1）进行发酵后，随着接种量的增加，酵母菌体的产量也随之增加。如果接种量过低，则发酵结束时培养基中生物量尚未达到最高值。结果显示，用 15% 和 20% 的接种量发酵后，二者微生物量相差不大。因此，从经济角度和生产实践来看，最理想的接种量是 15%。

③ 糖蜜废液最佳稀释浓度的确定。水是微生物细胞的重要组成成分，可作

为机体内一系列生理生化反应的介质，在代谢中占有重要的地位。代谢物只有先溶于水，才能参与反应。营养物质的吸收、代谢产物的排泄都需通过水，特别是微生物没有特殊的摄食和排泄器官，这些物质只有溶于水才能通过细胞表面。水能有效吸收代谢释放的热量，并将热量迅速散发出来，从而有效地控制细胞的温度。微生物的生命活动离不开水，需在水活度为 0.63～0.99 之间的环境中生长。培养基中添加溶质会造成水活度下降，超过一定程度后，生长在低水活度的微生物就需要做更多的功来获取水，从而导致生长速率下降。培养基水分不够、发酵环境干燥时，可导致微生物代谢停止，微生物处于休眠状态，严重时会引起脱水，蛋白质变性，甚至死亡。因此，合理的固液比是发酵产物积累的基础。

含水量过高或过低都能影响酵母菌的生长和繁殖。由图 4-7 可见，随着稀糖蜜浓度的增加，干酵母的产量逐渐增加。当糖蜜浓度达到 20g/L 时干酵母的收获量最大，即培养基糖蜜浓度达至 20g/L 时最利于复合菌种的生长。高浓度的培养基底物浓度较大，从而影响发酵液的溶解氧含量；含水量过低则影响菌体的能量代谢，抑制混合菌的生长，导致蛋白产量降低。因此，糖蜜废液最佳浓度为 20g/L。

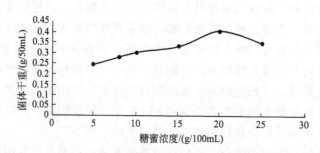

图 4-7　不同的糖蜜浓度对发酵产物的影响

④ 发酵废液最佳 pH 的确定。微生物必须在特定的酸碱环境中才能正常生长繁殖。通常用 pH 值来表示酸碱度。pH 值对微生物繁殖的影响主要体现在引起细胞膜电荷性质发生变化，从而影响微生物对营养物质的吸收，进一步影响细胞组织正常的物质代谢。当 pH 过高或过低时，微生物的生长受阻，甚至引起培养物的死亡。每一种微生物都有其最适生长的 pH 值和一定的适宜范围，很多微生物可在 pH 为 4.0～10.0 之间生长。另外发酵基质中微生物进行繁殖生长时，其代谢作用也会改变环境 pH 值。在不同 pH 条件下进行发酵，产物微生物量有较大的变化。

研究显示：混合菌种适宜在微酸性的环境中生长。pH 在 4.5～5.5 条件下，微生物量不会发生明显变化；当初始 pH 大于 6 时，粗蛋白含量逐渐降低；当培养基为中性或碱性条件时，微生物量明显减少。pH 升高，菌体生长和繁殖速度降低，在显微镜下可见菌体变形，甚至出现细胞碎片。原因是较高的 pH 能够破坏细胞膜透性，增加内外物质渗透压，引起细胞自溶。因此，发酵液最适 pH 为 5.0，此时所获微生物量最多。

⑤ 菌种最佳发酵温度的确定。温度是影响有机体存活与生长的重要因素之一。在微生物发酵过程中，温度对其影响主要体现在两个方面：a. 随着温度的升高，微生物细胞的生物化学反应速率和生长速率均加快；b. 微生物菌体中核酸、蛋白质都对温度极其敏感，尤其是蛋白质，过高的温度可使蛋白质初步变性，维持其高级结构的作用力受到不同程度的破坏，使得微生物繁殖速度有所降低，温度过低又抑制了酶的活性，蛋白质的合成速度降低。因此，温度过高、过低均不利于微生物的生长。

结果表明：随温度升高菌体的繁殖速度加快，SCP 含量增加，当温度上升到一定程度，若继续升高，SCP 含量急速降低。这可能是温度过高引起菌体细胞生长减缓，重者可引起细胞死亡或自溶。当温度超过 30℃ 时，超过了酵母菌的最适生长温度，干酵母获得量开始下降。因此，菌种的最适发酵温度为 30℃。

⑥ 氮源的选择。氮源对微生物的生长繁殖有着重要作用，是合成菌体中蛋白质和核酸的主要原料，其来源有两个方面：培养料自身的含氮物质和外界加入的含氮物质。一般来说，外界加入的氮源对微生物的生长有更明显的作用。相关研究显示：影响干酵母产量的因素主次顺序是酵母膏＞尿素＞蛋白胨＞硝酸钠。通过正交试验发现混合发酵的最佳氮源是酵母膏。

⑦ 无机盐的选择。无机盐是微生物发酵过程中的生长刺激因子，是微生物生长必不可少的营养物质。无机盐能够为机体生长提供必要的金属元素，维持细胞的稳定性，并能调节和保持细胞的渗透压平衡，控制细胞的氧化还原电位，从而提高生物活性。适量的有效无机盐可以促进微生物的快速繁殖。在某些情况下，如果缺乏一定的无机盐，微生物的生长非常缓慢，甚至不生长。广东省微生物研究所在研制 4320 菌体饲料时发现，若只加氮源不加过磷酸钙或其他无机盐类，4320 菌种在琼脂平板上无法生长，反之即使不加氮源，只加过磷酸钙，4320 菌株仍然能够生长。这足以说明无机盐对微生物生长有促进作用。

Mg^{2+} 是各种酶的激活离子，Mg^{2+} 的存在有助于提高酶的活性，对蛋白质的合成有较好的促进作用，表现为随着硫酸镁用量的增加，其粗蛋白含量呈显著增加趋势。Ca^{2+} 也是酶的激活因子，因此 Ca^{2+} 的加入可提高菌体中蛋白质的合成速度，添加 0.5% 的过磷酸钙所获得的粗蛋白含量最高。

K^+ 是细胞中重要的阳离子，是许多酶的激活剂，可促进碳水化合物的代谢。钾还与细胞膜的透性有密切关系，有助于维持细胞的正常渗透压。

磷酸根离子是合成菌体核酸骨架的重要物质，也是许多重要辅酶的组成部分，参与糖类物质代谢中的磷酸化过程，之后被迅速同化为含磷的有机化合物。微生物可以从无机磷化合物中获取磷，进入细胞后迅速被同化为含磷有机化合物。随着磷酸二氢钾加入量的增加，发酵产物中蛋白质含量也增加，这与微生物代谢有一定的关系。

4.1.3 制作饲料添加剂

(1) 主要成分与营养价值

糖蜜废液中由于含有丰富的杂质，具有很高的提取价值，除了可以提取前述物质外，还含有一些其他营养价值的物质，比如腐植酸、甜菜碱和复合氨基酸等，可进一步加工制成添加剂运用于畜牧生产中[14]。

腐植酸主要由蛋白质、碳水化合物、脂肪等物质组成，含有多种活性官能团（羧基、酚羟基、醌基等），其可作为一种肥料广泛运用促进植物的生长发育（本书上一节已有详细介绍），同时研究发现其在畜牧行业同样有很好的运用前景，李志能[15]将生物腐植酸应用于水产养殖，通过添加不同浓度的生物腐植酸来研究其对欧洲鳗鲡幼苗的生长体重增长率、成活率的影响，同时研究其对养殖水体中氨氮、亚硝酸盐含量，对水体中磷含量、pH以及对水体中轮虫、原生动物、枝角等细菌含量变化的影响。实验结果表明：生物腐植酸的浓度在 $0 \sim 15 \mu L/L$ 时，欧洲鳗鲡相对增重率随腐植酸添加浓度的增加而增加，与对照组（相对体重增长率3.55％和成活率87.5％）相比，其中 $15 \mu L/L$ 和 $20 \mu L/L$ 试验组的相对体重增长率（分别为10.47％、10.34％）和成活率（均100％）显著增高。同时有助于稳定和改善水质，有利于调节养殖水体微生态平衡，减少化学药物的使用，改善养殖环境。可见腐植酸运用于畜禽生产中可促进机体生长、提高饲料转化率和减少粪便中尿素和氨的含量等，因此有助于降低饲料和粪污处理成本，具有一定的经济效益。

甜菜是我国第二大糖料作物，其含糖量为 $16％ \sim 22％$，同时还有含有甜菜碱、无机盐和有机酸等物质，经过加工制糖和酿酒等工业处理后，废液中仍存在大量甜菜碱，甜菜碱是甘氨酸的甲基衍生物，具有双电荷性质和三个活性甲基，电荷在分子内分布呈中性，三个甲基活性无差异，是一种高效的甲基供体，可调节渗透压，对于维持应激条件下细胞的蛋白和酶的结构功能、细胞正常体积、细胞的吸水能力及细胞正常代谢起着重要作用[16]。甜菜碱作为饲料添加剂：①在猪养殖业上，能提高猪的生长繁殖性能、改善消化率[17]和胴体品质等[18]，如Ramis 等[19]报道，日粮中添加甜菜碱可缩短母猪断奶到发情的时间间隔，改善母猪和后备母猪的繁殖性能，提高新生仔猪活重及断奶重。②在家禽养殖业上，可提高家禽饲料转化率、日增重、抗应激能力，改善胴体品质。Alirezaei 等[20]报道，甜菜碱是一种极具发展前景的抗氧剂。在蛋氨酸不足的日粮中添加 1g/kg 的甜菜碱，可显著提高肉鸡胸肌中谷胱甘肽过氧化物酶、过氧化氢酶和超氧化物歧化酶的活性，降低脂质氧化，具有抗氧化和改善肉品质的作用。③在水产养殖上，能明显改善水产动物的生长性能，提高日增重、生长速率和料重比，同时其化学结构对鱼类及甲壳类动物的嗅觉和视觉感受器均有强烈的刺激作用，因而成为水产动物理想的诱食剂，同时也可起到降脂效果。Luo 等[21]研究结果发现，随甜菜碱水平的增加，罗非鱼的脂蛋白脂酶和肝脂酶活性先升高后降低，而肝脏的脂质含量一直趋于下降。

复合氨基酸主要是在提取菌体蛋白的基础上，经过酶水解后得到的蛋白水解物有很高的营养价值，富含各种氨基酸，但其仍需脱色等进一步加工。可见，若这些物质能够运用合理科学的方法开发利用，不仅能降低废液对环境的威胁，而且能为畜牧业的发展提供大量的物质资源[22]。

(2) 主要生产工艺

利用糖蜜废液生产饲料添加剂的成分不同，因而分不同的生产工艺，复合氨基酸生产工艺就是在生产蛋白饲料的基础上再脱色提取，在此就不展开论述，避免累赘。腐植酸的工艺流程与生产发酵蛋白饲料大致相同，主要区别在于菌体选择和发酵液提取方法的不同。对于生产腐植酸的菌体选择，首先要通过拟选择培养、初筛、复筛，筛选出能以糖蜜废液为培养基生产腐植酸的微生物菌株，其次考察目的菌株的传代稳定性，并对目的菌株培养特征、个体形态特征，甚至分子生物学等方面进行考察和鉴定。对于腐植酸发酵液提取常见的方法[23]主要有以下三种：①酸抽提剂法，该法提取时间较短，并且整个提取过程当中的操作步骤也比较简单，但提取出的腐植酸中杂质较多；②微生物溶解法，该法提取时间比较长，但所提取物的活性是非常强的；③碱溶酸析法，该法综合了前两者提取活性较高和提取周期相对较短的优点，是目前较为常用的一种方式，其主要原理是利用碱性提取液将腐植酸从原料中提取出来，然后用酸将其沉淀下来。利用糖蜜废液提取腐植酸详细工艺流程见图 4-8。

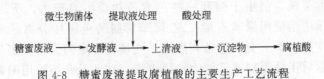

图 4-8　糖蜜废液提取腐植酸的主要生产工艺流程

通过此生产工艺产生的腐植酸主要是生物腐植酸，不仅具有一般腐植酸的性质及特征，同时还具有一些一般腐植酸没有的性质及特征。研究结果表明，生物腐植酸的主要特点有：缩合程度和碳含量较低，分子量小，有着更强的渗透力，更容易被作物吸收利用；含有含量更丰富的活性基团（如羧基和羟基等），同时还含有一定数量的氨基酸以及其他的活性组分，具有更强的生理活性和化学活性；与一般腐植酸相比，生物腐植酸的色泽较浅，有着较好的水溶性，同时具有絮凝极限高、缓冲容量大等特点[24]。

甜菜碱的提取主要是针对甜菜糖蜜酒精废液而言，其主要生产工艺包括原料的预处理、甜菜糖蜜酒精废液的脱色和甜菜碱的提取，其主要生产工艺流程见图 4-9。

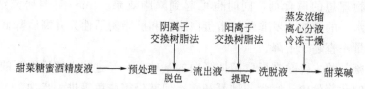

图 4-9　甜菜糖蜜酒精废液提取甜菜碱的主要生产工艺流程

① 预处理。由于酒精废液浑浊度高，树脂脱色前需用絮凝剂将废液中的杂质、浑浊物进行沉淀清除处理，具体操作步骤：首先，在原料中加入助凝剂（氢氧化钙和磷酸），均匀搅拌后在 100℃ 水浴中加热 5min 后放置到 70℃，目的是使蛋白质沉淀和调节废液的 pH 值；其次是添加絮凝剂聚丙烯酰胺，搅拌均匀静态放置 12h，最后进行过滤，保留滤液。

② 甜菜糖蜜酒精废液的脱色。已有研究表明，糖蜜酒精废液的脱色方法主要是氧化法、电化学法、吸附法、离子交换法和膜分离法。而离子交换法具有操作简单、易再生、效率高等特点，被广泛运用在废水的脱色中。因此，在此主要对这种方法进一步介绍。离子交换法是一类利用树脂的官能团对溶液中色素离子选择性吸附，以离子缔合物的形式吸附在离子交换树脂表面达到脱色的效果，因考虑到甜菜糖蜜酒精废液中含有含量较高的物质甜菜碱，所以选用阴离子交换树脂作为脱色树脂。

③ 甜菜碱的提取。甜菜糖蜜酒精废液经阴离子交换树脂脱色后，将流出液分离提取，可得甜菜碱。将甜菜碱分离纯化的方法有离子交换法、离子排斥法、水提法和醇提法等。甜菜碱溶于水、甲醇和乙醇等有机溶剂，因此可用水提法和醇提法提取甜菜碱，但由于糖和一些色素等物质可溶于水，所以水提法不彻底。离子排斥法是使用聚苯乙烯-二乙烯苯树脂的色谱柱分离，所得到的分离纯化物质纯度高。离子交换法是利用离子交换树脂中的交换基团与目的物发生离子交换，然后用洗脱剂将目的物洗脱出来。在此只介绍采用阳离子交换树脂对馏出液中的甜菜碱进行吸附。据研究发现：流速、温度和氨水浓度对阳离子交换树脂吸附甜菜碱的影响最大，同时李秀永[25]实验表明，吸附率随着流速的升高而减小，随着温度的升高吸附率也有减小的趋势，解析率随着氨水浓度的升高而升高，优化条件的最佳工艺条件：流速为 1mL/min，温度为 30℃，氨水浓度为 1.75mol/L 时，解析液经蒸发浓缩、离心分离和冷冻干燥后，得到的甜菜碱浓度为 98%。

4.2　利用糖蜜废液开发饲料资源的综合性评价

饲料产品不仅是众多畜禽的食物，而且也是人类的间接食物，与人们的健康息息相关。同时，饲料也是众多病原菌、病毒、毒素的重要传播途径；饲料和饲料添加剂在饲养过程残留在畜禽产品中对人体产生危害，大气和水中的有毒有害物质等都可凭借食物链进入畜禽体内，再通过畜禽肉蛋产品进入人体。因此我国政府对饲料质量安全工作十分重视，陆续出台和完善了专门的法律法规，例如《饲料和饲料添加剂管理条例》和《新饲料和新饲料添加剂管理办法》等。近年来，为加强饲料产品质量安全监督管理，以保障动物食品的质量安全，国家饲料质量监测机构和省市饲料质检机构每年对全国饲料进行质量安全监测。可见在开发一种新饲料资源时，必须高度重视对其的综合性评定，及时发现问题、寻找有效的解决方案和突破瓶颈问题，才能更好地把握其发展方向和发展机遇[26]。

　　利用糖蜜废液开发的饲料资源中，主要以单细胞蛋白发酵饲料为主，在微生物发酵饲料日益发展的今天，在取得进展的同时也有一些问题存在：①发酵饲料品质问题。微生物在扩培、加工、制粒、分装、保存等工艺中由于高温、高压、机械等环节导致生物活性降低，从而影响饲料中各成分的含量，使发酵饲料品质降低。②发酵饲料效果不稳定。由于菌株分离源复杂，所用筛选方法也不同，可能在添加量、烘干或饲喂动物种类及其他条件的影响下具有较大的差异，从而导致应用效果差异较大，难以达到稳定的效果。③发酵设备落后。由于大多数饲料生产厂对微生物性质适宜条件和发酵工艺流程了解甚少，在发酵设备和专业人员有限的基础上，周围的环境也有很大的影响如加工时粉尘夹杂着有害菌，就会使生产出的产品存在安全性隐患。④发酵成本问题。由于目前发酵饲料没有统一的生产、检测、监控的技术标准，在发酵过程中不仅工艺烦琐，且消耗大量能源，使饲料产品成本提高，难以实现推广价值[27]。

　　因此，在利用糖蜜废液开发饲料资源时，非常有必要先对其安全性、有效性和经济性等理论和实践进行综合性的评定。

4.2.1　安全性评价

　　饲料的安全性评价是对饲料中的毒性物质进行监测和评价，可及时发现和清除有害物质，不仅可防止动物中毒，食品污染，还可阻断毒物经食物链进入人体，保障人民的身体健康；同时能降低饲料产品对环境造成的威胁，因此开发新饲料资源时，必须进行科学可靠的安全性评价。

　　就单细胞蛋白发酵饲料的安全性评价而言，联合国粮食及农业组织（FAO）、世界卫生组织（WHO）和国际标准化组织（ISO）等有关的国际组织特意成立单细胞蛋白委员会评价并制定了相关规定：首先，生产用菌株不能是病原菌，不产生毒素；其次，对生产用资源也提出一定要求，例如农产品来源的原料中重金属和农药残留含量极少，不能超过要求；第三，在培养条件和产品处理中要求无污染、无溶剂残留和无热损失，有害最终产品应无病菌、无活细胞、无原料和溶剂残留等；最后，对最终产品还必须进行小动物毒性试验。同时美国食品药品监督管理局（FDA）也明确表态：除此之外，还必须对致癌性多环芳香族化合物、重金属、真菌毒素及菌的病源性、感染性和遗传性等进行充分评估。

　　而我国目前暂尚未见具体明确的规定，主要根据《饲料质量安全管理规范》和《饲料卫生标准》等所规定的饲料和饲料添加剂产品中有害物质及微生物的允许量及其实验方法来评价其安全性，安全性评价主要是在有毒有害成分分析基础上，用实验动物或靶动物进行毒理学试验。其中对实验动物小鼠的毒理实验方法是按照《食品安全性毒理学评价程序》要求进行的，主要包括四个阶段。第一阶段（急性毒性试验）：包括经口急性毒性试验和 LD_{50} 联合急性毒性试验；第二阶段（遗传毒性试验）：包括传统的致畸试验和 30d 的短期喂养试验；第三阶段（亚慢性毒性试验）：包括 90d 喂养试验、繁殖试验和代谢试验；第四阶段：慢性毒性试验（包括致癌试验）。凡属我国创新的物质一般要求进行四个阶段的试验。

　　对糖蜜废液菌体蛋白发酵饲料进行安全性评定时，首先要对其产品来源按照毒理学试验规定进行综合评价，主要包括热带假丝酵母、白地霉和产朊假丝酵母等和直接提取谷氨酸菌体蛋白等[28]。

　　热带假丝酵母（landidatropicalis）种内融合株 Ct-3 是糖蜜酒精废液发酵生产单细胞蛋白的关键菌株。该菌株对小白鼠的毒性实验结果显示：连续一周进行一定浓度的腹腔注射和灌胃试验，饲养三周后，小鼠腹部并未积水，肝脾并未肿大，肾脏中毒及胃炎等异常情况并未发生，而小白鼠的体重却有所增加。

　　刘天明等[29]对天然白地霉菌株发酵产品的毒理安全性进行评价，通过小鼠急性毒性试验、骨髓细胞微核试验、小鼠精子畸形试验和 30d 喂养试验进行毒理学研究发现：在急性毒性试验中，白地霉发酵产品的小鼠 $LD_{50} > 100g/kg$ 体重，表明该受试物属于无毒级物质；同时骨髓细胞微核试验和小鼠精子畸形试验的结果为阴性，未显示出致突变性；30d 喂养试验中各实验组（2.5g/kg、5.0g/kg、10.0g/kg 体重）小白鼠生长发育良好，体重、食物利用率以及血常规、血液生化指标与对照组之间无显著差异，小白鼠组织解剖检查均未见病变。

　　关于谷氨酸菌体的安全性，栾兴社等[30]通过将谷氨酸发酵废液进一步加工为谷氨酸菌体复合调味汁来进行小鼠急性口毒性实验和骨髓细胞微核试验、Ames 实验、小鼠精子畸形试验等亚急性动物实验，其研究表明：样品结果 $LD_{50} > 10000mg/kg$，属于无毒物质；同时骨髓细胞微核试验、Ames 实验和小鼠精子畸形试验的结果为阴性，未显示出致畸形和致突变性。

　　同时，伴随转基因及基因重组技术广泛应用在饲料中，利用转基因技术虽然能够培育出高产、高蛋白的菌株，为菌体蛋白的开发提供广泛的空间，但也引发人们不少关于安全问题的思考[31]。主要聚焦在以下几点：①转基因菌体蛋白中的活菌是否会对动物肠道的微生态平衡造成影响；②所转基因及受体基因中的沉默途径有可能被激活，从而表达出对动物机体有毒、有害的物质；③转基因微生物蛋白是否会对动物的遗传性造成不可预测的改变；④所转基因是否会转移到其他微生物及生物体上去。因此，在我国转基因饲料安全性评价的确切规定尚未建立，转基因饲料对动物、人体健康的影响仍需要经过长期的考察；同时应充分认识到该项技术的潜在危险性和树立风险防范意识。

最后还需注重其产品对环境风险的评价。环境风险评价是指饲料添加剂或其在畜禽饲料中应用后的排泄物是否会对环境产生影响，一般饲料添加剂在畜禽生产的全过程中都在应用，其残留物可能会对水体或土壤造成污染。单细胞发酵饲料容易出现重金属污染，重金属污染一般通过培养基进入产品，糖蜜废液作培养基就存在这类潜在的危险性[32]。因此，在利用糖蜜废液作为培养基时要把重金属含量控制在安全剂量以下，降低饲料产品对环境的威胁。而目前关于饲料产品对环境的评价主要分为两个阶段：第一阶段评价目的是确定一种添加剂或其代谢产物对环境的影响和是否需要进行第二阶段的试验。如一种添加剂的化学和生物学作用及其使用都表明其影响可忽略不计或其最坏情形下所预计的环境浓度低于人们所关心的值则不需要进行第二阶段的试验。第二阶段的试验分为两步进行，第一步是确定一种饲料添加剂或其代谢产物在土壤中的持续时间，确定短期的对陆地环境的不利影响。如果该物质在土壤中的浓度超过 10g/kg 或其在土壤中持续时间很长，则要进行第二步的评估，即更详细的毒理学研究。

目前关于菌体蛋白发酵饲料的安全性问题尚存争议，其中关注点较大的是其核酸含量过高。核酸在家畜体内消化后形成尿酸，因家畜体内无尿酸氧化酶，尿酸不能分解，随血液循环在家畜体内的关节处沉淀或结晶，从而引起痛风或风湿性关节炎[33]。同时由于形成尿酸过程中肝脏中嘌呤的代谢率增高，容易导致代谢失衡和尿结石。总之菌体蛋白饲料使用的时间还不是太长，其安全性问题可能还未得到充分暴露，因此将菌体蛋白作为一种饲料原料时，要严格控制其添加比例，尽可能减少菌体蛋白对机体和环境带来潜在的危险[34]。

4.2.2 有效性评价

饲料资源的有效性评价主要是在有效成分分析的基础上，用靶动物进行饲养试验、消化代谢试验或屠宰试验等利用相应规程在体内、体外进行有效性评价，并做出有效性判定的过程[35]。同理，评价糖蜜废液开发饲料资源的有效性，除化学法分析数据外，还需进行生物测定。生物测定的方法主要包括生长法和氮平衡法两种，其中生长法测定蛋白质效率比（PER），而氮平衡法测定蛋白质生物价（BV），PER 和 BV 值越高说明蛋白质质量越好，但最终有效性的评价还是主要体现在对畜禽生产性能的影响上。

唐亮等[36]为分析糖蜜酒精废液浓缩物（MAWC）的营养成分含量，评价其饲用价值及其在生长猪生产上的应用效果。选择 21 头体重 15kg 左右的杜长大三元杂交生长猪，随机分为 3 组，每组 7 头（3 公、4 母），分别在饲粮中添加使用 0%（对照组）、3.0%（试验 I 组）和 5.0%（试验 II 组）的糖蜜酒精废液浓缩物（MAWC），进行为期21d的饲养试验。

结果表明，各组平均日增重差异不显著（$P > 0.05$）；与对照组比较，试验Ⅰ组和Ⅱ组日增重分别提高3.70%和0.97%，饲料增重比（F/G）分别降低5.5%和4.7%。消化试验结果表明，饲粮中添加3.0%和5.0%的MAWC，饲料粗蛋白、粗脂肪、粗纤维等养分的表观消化率有所改善。

焦显芹等[37]为评价味精菌体蛋白的营养价值，通过挑选体重相近、采食正常、身体健康的蛋公鸡24只（2kg左右），随机分为4个处理，每个处理有6只鸡，进行代谢试验。处理1、处理2和处理3为试验组，分别强饲豆粕、玉米蛋白粉和味精菌体蛋白粉，处理4为内源对照组，用来测定内源养分的排泄量，以研究味精菌体蛋白对鸡蛋白质和氨基酸消化率的影响。

结果表明，味精菌体蛋白粗蛋白含量达到71.45%，分别比豆粕和玉米蛋白粉高64.03%和22.32%；味精菌体蛋白粗蛋白表观消化率和真消化率、总氨基酸表观消化率和真消化率均极显著低于豆粕和玉米蛋白粉（$P < 0.01$）；而干物质表观消化率和真消化率间无显著差异（$P > 0.05$）；在已测定的17种氨基酸中，除甘氨酸外，味精菌体蛋白粉其他氨基酸表观消化率和真消化率均极显著低于豆粕和玉米蛋白粉（$P < 0.01$）。这表明味精菌体蛋白的蛋白质和氨基酸利用率低于豆粕和玉米蛋白粉。

综上可知，利用糖蜜废液开发出的饲料资源具备较好的营养价值，但其消化率比常规蛋白质略低，一方面可能其含有有毒菌肽，能与饲料蛋白质结合，阻碍蛋白质的消化；另一方面可能其含有一些不能被消化的物质如甘露聚糖，对饲料干物质的消化起副作用。同时也可能会带来氨基酸供应不平衡的弊端。因此在重视其有效性评价的同时，还应注重使用剂量、使用形式的明确和优化，在动物体内消化吸收效果和可能受性别、年龄、品种、环境和日粮组成等多方面因素的影响。

4.2.3 经济性评价

利用废弃资源通过一定的科学技术将其转化为另一种有效的物质资源，实现自然资源多次循环利用和减少宝贵资源的浪费，是面对未来人口的不断增长和资源匮乏的现状必然选择的发展趋势。利用糖蜜废液无论是直接浓缩干燥制成干饲料，还是生化处理后产生的微生物菌体蛋白提取蛋白饲料或其他成分，都是很好地实现了资源化利用，为我国饲料行业解决饲料资源短缺提供新的途径。

利用糖蜜废液开发动物资源具有操作简单，可实现连续化工业生产；菌种生长繁殖，发酵周期短；不受季节气候等外界因素的影响；原料廉价易得，可就地取材，并能充分利用糖蜜有机废物；生产过程非常经济，其投资少于常规蛋白质生产等优势。曾有研究分析，糖蜜味精废液中含1%的菌体，每生产1t味精要排放$15 \sim 20$t的味精废水。经发酵废水中含有约4%的湿菌体，提取干燥后可生产蛋白质含量超过 60％ 的高质量蛋白。按全年生产 52t 味精计算，可生产 10t 谷氨酸菌体蛋白，而我国味精年产量已超过 600000t，约占世界味精年产量的 47％，并且每年仍以 5％～10％ 的速度增长，可见这是一种非常可观的蛋白质饲料资源[38]。

同时在动物试验上，唐亮等[36]使用 3％ 和 5％ 的糖蜜酒精废液浓缩物（MAWC）配制生长猪饲粮并通过饲养实验发现，3％ 和 5％ MAWC 组的每千克增重饲料成本与对照组相比，分别降低了 0.27 元和 0.25 元；江绍安等[39]研究菌体蛋白粉在生长肥育猪日粮中的应用发现试验组不仅可提高猪的日增重，降低料肉比等，而且添加蛋白粉还可降低饲料成本，据估算添加蛋白粉后每千克饲料成本可降低 1 元。胡敏等[40]利用甘蔗糖蜜废液在不同菌种发酵生产饲料蛋白质试验表明，在适宜的反应条件下，饲料蛋白产量可达 12.5g/L，化学耗氧量（COD_{cr}）去除率为 40％。可见利用糖蜜废液开发饲料资源所产生的经济效益是相当可观的。

"三废"问题一直都是国家高度重视和急需解决的问题之一。从中共十八大的"必须树立尊重自然、顺应自然、保护自然的生态文明理念"到中共十九大的"必须树立和践行绿水青山就是金山银山的理念，坚持节约资源和保护环境的基本国策，像对待生命一样对待生态环境"，乃至十九届四中全会提出的"要实行最严格的生态环境保护制度，全面建立资源高效利用制度，健全生态保护和修复制度，严明生态环境保护责任制度"，无时无刻不在高度强调生态文明的建设。利用糖蜜废液开发饲料资源，变废为宝，同时也大大降低废液处理难度；动物消化吸收饲料相关营养物质后，可为人类提供大量的优质的肉蛋产品，而未被消化吸收的养分可进一步作为肥料为甘蔗、甜菜等提供充足营养，甘蔗和甜菜又可以为制糖业提供大量的原料，从而形成一个良性循环的生态可持续发展链。生态可持续发展链是生态建设、环境保护和资源合理开发利用的统一，这将是废水资源化处理及利用的一个很好的研究方向。

4.3 利用糖蜜废液开发饲料资源的作用和意义

饲料资源匮缺，原料价格上升，这是当前饲料生产中迫切需要解决的一大问题，归根结底还是粮食问题，据有关数据统计，目前我国接近一半的粮食资源运用于动物养殖。而我国人均占有粮食数量少且人口数量逐年上升，可见从提高做饲料的粮食比例来解决饲料短缺问题的可行性较低。因此，新资源的开发和废弃资源的再利用是饲料生产必然的发展趋势，而对于新资源的开发必定会带来更多的生态环境问题和挑战，废弃资源的再利用就显得非常有现实意义了。糖蜜废液转化为一种饲料资源，不仅解决其本身对环境造成的威胁，同时扩宽了饲料资源的渠道。

（1）扩大饲料来源，保证畜牧业发展

如前所述，糖蜜废液不但含有较为丰富的蛋白质、糖类和矿物质，营养价值高，而且还含有菌体蛋白、甜菜碱和腐植酸等一些活性物质，具有促进动物生长、提高动物生产性能、改善动物品质和提高机体免疫力等特殊的功能。科学研究和生产实践结果表明，利用糖蜜废液开发出的饲料，不仅可以饲喂牛羊等草食动物，而且在畜禽生产中也有较好的运用效果，同时在水产养殖中还有调节养殖池水质等作用，使得糖蜜废液变废为宝，扩大了饲料来源，为畜牧行业的发展提供了大量的优质饲料，特别是蛋白饲料。此外，其生产周期短、生产效率高且能够进行大规模的工业化生产等特点，能为我国畜牧业的发展保驾护航。

（2）延长制糖产业链，提高企业经济效益

昔日，制糖业利用甘蔗或者甜菜等制糖，产生的废糖蜜进一步运用于酿酒或生产味精等，而剩下的糖蜜废液直接当作废水处理，产业链到此就终止，结果造成资源的浪费，甚至威胁生态环境的平衡；同时糖蜜废液的处理是制糖衍生产业最头疼的问题，且每年都需花费大量经费来处理这些废液。

如今，糖蜜废液用于开发饲料资源，进一步延长了制糖产业链。生产的饲料用来饲喂畜禽，动物机体经消化吸收其营养物质转化为肉蛋产品，能为人类提供优质的蛋白产品；而对于未被完全消化的则通过粪尿排出体外，可进一步堆积发酵生产沼气或者当作植物肥料，从而创造大量经济价值。另外，经过再利用的过程，糖蜜废液中的有机物浓度高和废液的污染物含量大大降低，特别是 BOD、COD 等的含量，进而降低废水处理的成本，提高企业的经济效益。

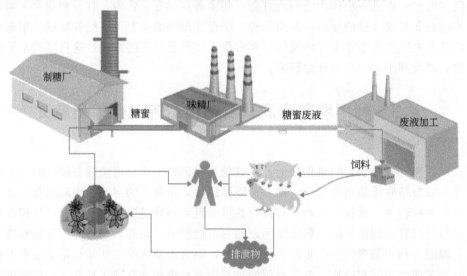

图 4-10　糖蜜废液的良性循环生产工艺

（3）响应可持续化发展，促进生产的良性循环

废弃资源再利用，是国家号召企业可持续发展的重要战略目标。糖蜜废液变废为宝不仅使糖蜜废液得到了充分的利用，延长产业链，而且有利于促进生产的良性循环（图 4-10），减少资源的浪费和环境的污染，符合循环经济发展的三 R原则（减量化、再利用和再循环），可实现低消耗、低排放和高效率的生态文明建设。

参 考 文 献

[1] 广东省轻化工业公司甘蔗综合利用技术资料组.甘蔗综合利用 [M].广州：广东省轻化工业公司出版社，1971.

[2] Pesta, Anna C. Evaluation of condensed distillers solubles and field peas for feedlot cattle [D]. Lincoln：University of Nebraska Linclin, 2011.

[3] 许伟.蔗渣吸附糖蜜酵母浓缩废液制发酵饲料的研究 [D].南宁：广西大学，2013.

[4] 赵晓芳.味精菌体蛋白资源调研及营养价值评定 [D].泰安：山东农业大学，2003.

[5] 马猛华，徐国华，田智斌，等.谷氨酸菌体蛋白的应用与开发 [J].中国酿造，2014，33（2）：9-12.

[6] 张号杰，郭爱红，李孝伟，等.谷氨酸菌体蛋白在畜禽生产中的应用 [J].广东饲料，2018，27（2）：37-39.

[7] 柯祥军，瞿明仁，易中华.发酵豆粕和菌体蛋白对肉鸡生产性能的对比试验 [J].江西饲料，2007，（5）：4-6.

[8] 孙宇，时合灵，付彤，等.日粮中添加味精菌体蛋白对奶牛生产性能的影响 [J].中国畜牧兽医，2010，37（2）：37-39.

[9] 曾德霞，缪礼鸿，周凤鸣，等.利用氨基酸废液发酵制备酵母蛋白饲料的工艺 [J].粮食与饲料工业，2016，12（7）：39-43.

[10] 方霭祺，李萍，万丛林，等.糖蜜酒精废液发酵生产单细胞蛋白的研究 [J].微生物学通报，1989，16（2）：76-79.

[11] 赵芯.利用糖蜜酒精废液生产氨基酸的生物技术研究 [D].桂林：桂林理工大学，2006.

[12] 姚毅.利用废糖蜜生产单细胞蛋白的实验研究 [D].桂林：桂林理工大学，2008.

[13] 张素青.糖蜜发酵选育高产蛋白酵母及发酵条件优化研究 [D].呼和浩特：内蒙古农业大学，2009.

[14] 林秋城.甘蔗糖蜜酒精蒸馏废液作饲料的途径 [J].饲料研究，1999，（4）：25-27.

[15] 李志能.生物腐植酸的中试生产及其在欧洲鳗鲡养殖中的应用 [D].福州：福州大学，2013.

[16] 唐述宏.甜菜的综合利用 [M].北京：中国轻工业出版社，1958.

[17] Eklund M, Mosenthin R, Tafaj M, et al. Effects of betaine and condensed molasses solubles on nitrogen balance and nutrient digestibility in piglets fed diets deficient in methionine and low in compatible osmolytes [J]. Archives of Animal Nutrition, 2006, 60（4）：289-300.

[18] 赖玉娇，罗海玲，王朕朕，等.甜菜碱的生理学功能及其在畜牧生产中应用的研究进展 [J].中国畜牧兽医，2014，41（1）：101-107.

[19] Ramis G, Evangelista J N B, Quereda J J, et al. Use of betaine in gilts and sows during lactation：Effects on milk quality, reproductive parameters, and piglet performance [J]. Journal of Swine Health and Production, 2011, 19（4）：226-232.

[20] Alirezaei M, Gheisari H R, Ranjbar V R, et al. Betaine: A promising antioxidant agent for enhancement of broiler meat quality [J]. British Poultry Science, 2012, 53 (5): 699-707.

[21] Luo Z, Tan X Y, Liu X J, et al. Effect of dietary betaine levels on growth performance and hepatic intermediary metabolism of GIFT strain of *Nile tilapia Oreochromis niloticus* reared in freshwater [J]. Aquaculture Nutrition, 2011, 17 (4): 361-367.

[22] 董力青, 黄敏, 曾凤彩. 谷氨酸发酵废液中菌体蛋白的应用进展 [J]. 发酵科技通讯, 2013, 42 (1): 49-50.

[23] 奉灵波. 利用甘蔗糖蜜酒精废液生产腐植酸的研究 [D]. 南宁: 广西大学, 2013.

[24] 王思同. 生物腐植酸的制备及其应用 [D]. 泰安: 山东农业大学, 2017.

[25] 李秀永. 甜菜糖蜜酒精废液中甜菜碱的提取及生理活性的初步研究 [D]. 南宁: 广西大学, 2017.

[26] 解沛. 中外饲料质量安全管理比较研究 [D]. 北京: 中国农业科学院, 2009.

[27] 周圻. 海南岛甘蔗糖蜜生产畜禽饲料的效果及问题分析 [J]. 饲料研究, 2002, (11): 16-17.

[28] 赵叶. 菌体蛋白安全性、营养价值评定及其在生长肥育猪上的应用效果研究 [D]. 成都: 四川农业大学, 2009.

[29] 刘天明, 孙丙升, 于莎莎, 等. 天然白地霉菌株发酵产品的毒理安全性评价 [J]. 中国酿造, 2009 (5): 87-90.

[30] 栾兴社, 王桂宏. 谷氨酸菌体复合调味汁的安全性试验 [J]. 山东食品发酵, 1999, (3): 16-19.

[31] 张号杰, 郭爱红, 李孝伟, 等. 谷氨酸菌体蛋白在畜禽生产中的应用 [J]. 广东饲料, 2018, 27 (2): 37-39.

[32] 孔祥霞, 高婷婷, 刘相春. 单细胞蛋白的开发与利用 [J]. 山东畜牧兽医, 2016, 37 (9): 28-29.

[33] Stemme K, Gerdes B, Harms A, et al. Beet-vinasse (condensed molasses solubles) as an ingredient in diets for cattle and pigs-nutritive value and limitations [J]. Journal of Animal Physiology and Animal Nutrition, 2005, 89 (3-6): 179-183.

[34] 段永兰. 单细胞蛋白和菌体蛋白饲料的生产及发展前景 [J]. 畜牧与饲料科学, 2010, 31 (Z2): 44-46.

[35] 罗爱琼, 赵志辉, 杨俊花, 等. 家禽饲料添加剂的应用和安全性评价 [J]. 吉林农业科学, 2012, 37 (3): 36-41.

[36] 唐亮, 白剑飞, 梁伟明, 等. 生长猪饲粮中添加糖蜜酒精废液浓缩物的试验研究 [J]. 饲料工业, 2008 (5): 34-36.

[37] 焦显芹, 郭金玲, 聂芙蓉. 味精菌体蛋白对鸡蛋白质和氨基酸利用率的影响 [J]. 畜牧与兽医, 2009, 41 (5): 8-11.

[38] 李婷婷, 邓雪娟. 单细胞蛋白饲料研究进展及其在动物中的应用 [J]. 饲料与畜牧, 2015, (5): 57-61.

[39] 江绍安, 夏晨. 菌体蛋白粉在生长肥育猪日粮中的应用试验 [J]. 饲料工业, 2005, (3): 38-39.

[40] 胡敏, 朱明军, 刘功良, 等. 甘蔗糖蜜废水生产饲料蛋白质的研究 [J]. 中国饲料, 2006, (17): 36-39.

彩图 3-7　空心菜收获图

1.4mg/L EDTA-Fe　　　　　　　2.8mg/L EDTA-Fe

彩图 3-8（a）　以EDTA-Fe为铁源的空心菜

1.4mg/L 苏氨酸螯合铁　　　　　　2.8mg/L 苏氨酸螯合铁

彩图 3-8（b）　以苏氨酸螯合铁为铁源的空心菜

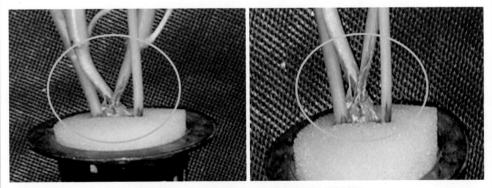

彩图 3-13　以EDTA-Fe为铁源的试验结果

彩图 3-14　糖蜜发酵液络合微量元素对小白菜长势的影响

（a）施用苏氨酸

（b）施用核苷酸

（c）施用赖氨酸

彩图 3-18
弱光逆境下施用不同氨基酸
对小白菜生长影响收获图

（a）对照组

（b）施用苏氨酸有机碳组

（c）对照组单株

（d）施用苏氨酸有机碳组单株

彩图 3-22　对照组与施用苏氨酸长势比较

（a）对照组　　　　　　　　　　　　（b）施用赖氨酸组

彩图 3-23　对照组与施用赖氨酸长势比较

（a）对照组　　　　　　　　　　　　（b）施用核苷酸组

彩图 3-24　对照组与施用核苷酸长势比较

（a）对照组 （b）施用绿洲组

彩图 3-25 对照组与施用绿洲长势比较

彩图 3-26 施用赖氨酸、核苷酸和绿洲长势比较